2.1.7 青山别墅网页

2.1.15 宠物狗网店

2.2.7 电器城网店

2.3.4 艺术摄影网

2.4 课堂练习－家居装饰网

2.5 课后习题－葡萄酒网

3.1.7 建筑工程网页

3.2.2 野生动物园网页

3.3.6 五谷杂粮网页

3.4 课堂练习－数码冲印网页

3.5 课后习题－酒店订购网页

4.2.5 实木地板网页

4.4.3 金融投资网页

4.5 课堂练习－世界景观网页

1

4.6 课后习题 - 温泉度假网页

5.1.11 租车网页

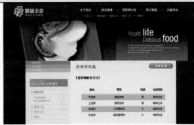
5.2.3 健康美食网页

5.4 课堂练习 -OA 办公系统网页

5.5 课后习题 - 有机蔬菜网页

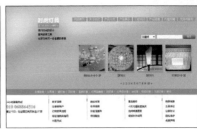
6.1.8 时尚灯具网页

6.2.5 干果批发网页

6.3 课堂练习 - 海洋馆网页

6.4 课后习题 - 献爱心活动中心

7.1.11 手机导航网页

7.2.3 化妆公司网页

7.3 课堂练习 - 鲜花速递网页

7.4 课后习题 - 时尚前沿网页

8.5.9 地车网页

8.6.4 汽车配件网页

8.7 课堂练习 - 跑酷网页

8.8 课后习题 - 足球在线网页

9.2.5 水果慕斯网页

9.3.4 老年生活频道

9.4 课堂练习－食谱大全网页

9.5 课后习题－婚礼策划网页

10.2.4 留言板网页

10.3.3 健康测试网页

10.3.7OA 登录系统页面

10.4 课堂练习－问卷调查网页

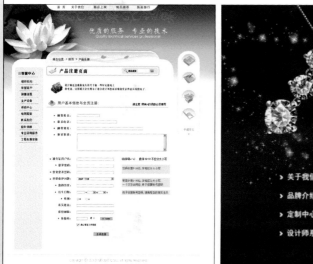

10.5 课后习题－订购单网页

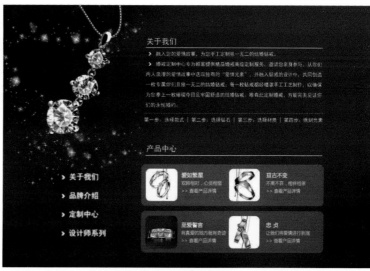

11.2.12 婚戒网页

11.3 课堂练习 - 清凉啤酒网页

11.4 课后习题 - 全麦面包网页

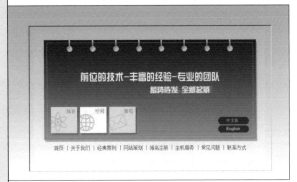

12.5.2 商业公司网页

12.6 课后习题 - 招商加盟网页

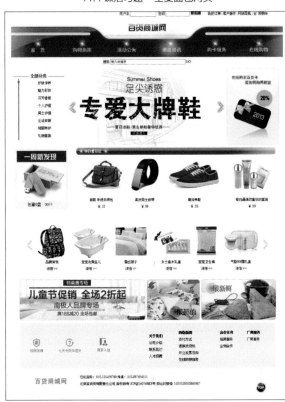

13.1 个人摄影网页

13.2 百货商城网

13.3 汽车网页

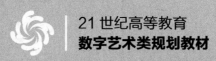

21世纪高等教育
数字艺术类规划教材

Dreamweaver CS5
中文版
基础教程

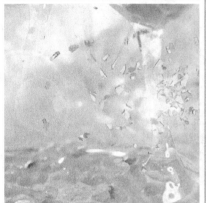

李跃光 姜龙奎 ◎ 主编
王长涛 闫瑞峰 ◎ 副主编

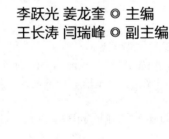

人民邮电出版社
北 京

图书在版编目（CIP）数据

Dreamweaver CS5中文版基础教程 / 李跃光，姜龙奎
主编. -- 北京 : 人民邮电出版社，2014.4（2023.1重印）
21世纪高等教育数字艺术类规划教材
ISBN 978-7-115-33817-4

Ⅰ. ①D… Ⅱ. ①李… ②姜… Ⅲ. ①网页制作工具－
高等学校－教材 Ⅳ. ①TP393.092

中国版本图书馆CIP数据核字(2014)第017234号

内 容 提 要

本书全面系统地介绍了 Dreamweaver CS5 的基本操作方法和网页设计制作技巧，包括初识
Dreamweaver CS5、文本与文档、图像和多媒体、超链接、使用表格、使用框架、使用层、CSS 样式、模
板和库、使用表单、使用行为、网页代码、商业案例实训等内容。

本书将案例融入软件功能的介绍过程中，在介绍了基础知识和基本操作后，精心设计了课堂案例，
力求通过课堂案例的实际操作，使读者快速掌握软件功能和网页设计思路；最后通过课堂练习和课后习
题，拓展学生的实际应用能力，提高学生的软件使用技巧。在本书的最后一章，精心安排了网页设计公
司的 3 个精彩实例，可以帮助读者快速地掌握网页制作的设计理念和设计元素，顺利达到实战水平。

本书适合作为本科院校和培训机构相关艺术专业课程的教材，也可作为 Dreamweaver 自学人员和喜
爱网页设计的读者学习用书或参考用书。

◆ 主　　编　李跃光　姜龙奎
　　副 主 编　王长涛　闫瑞峰
　　责任编辑　许金霞
　　责任印制　彭志环　杨林杰

◆ 人民邮电出版社出版发行　　北京市丰台区成寿寺路 11 号
　　邮编　100164　电子邮件　315@ptpress.com.cn
　　网址　http://www.ptpress.com.cn

北京九州迅驰传媒文化有限公司印刷

◆ 开本：787×1092　1/16　　　　彩插：2
　　印张：16.5　　　　　　　　　2014 年 4 月第 1 版
　　字数：401 千字　　　　　　　2023 年 1 月北京第 8 次印刷

定价：39.80 元（附光盘）

读者服务热线：(010)81055256　印装质量热线：(010)81055316
反盗版热线：(010)81055315
广告经营许可证：京东市监广登字 20170147 号

前言

    Dreamweaver CS5 是由 Adobe 公司开发的网页设计与制作软件。它功能强大、易学易用，深受网页制作爱好者和网页设计师的喜爱，已经成为这一领域最流行的软件之一。目前，我国很多本科院校的数字媒体艺术类专业，都将"Dreamweaver"作为一门重要的专业课程。为了帮助本科院校的教师全面、系统地讲授这门课程，使学生能够熟练地使用 Dreamweaver 进行网页设计，我们组织长期在本科院校从事 Dreamweaver 教学的教师和专业网页设计公司经验丰富的设计师共同编写了本书。

    我们对本书的编写体系做了精心的设计，按照"软件功能解析－课堂案例－课堂练习－课后习题"这一思路进行编排，力求通过软件功能解析，使学生深入学习软件功能和制作技巧；通过课堂案例演练，使学生快速掌握软件功能和网页设计的设计思路；通过课堂练习和课后习题，拓展学生的实际应用能力。在本书的最后一章，精心安排了网页设计公司的 3 个精彩实例，可以帮助学生快速地掌握网页设计的设计理念和设计元素，顺利达到实战水平。

    本书配套光盘中包含了书中所有案例的素材及效果文件。另外，为方便教师教学，本书配备了详尽的课堂练习和课后习题的操作步骤以及 PPT 课件、教学大纲等丰富的教学资源，任课教师可到人民邮电出版社教学服务与资源网（www.ptpedu.com.cn）免费下载使用。本书的参考学时为 54 学时，其中实训环节为 17 学时，各章的参考学时参见下面的学时分配表。

章	课 程 内 容	学 时 分 配	
		讲　授	实　训
第 1 章	初识 Dreamweaver CS5	1	
第 2 章	文本与文档	2	1
第 3 章	图像和多媒体	2	2
第 4 章	超链接	2	1
第 5 章	使用表格	3	2
第 6 章	使用框架	3	1
第 7 章	使用层	4	2
第 8 章	CSS 样式	3	1
第 9 章	模板和库	4	2
第 10 章	使用表单	4	2
第 11 章	使用行为	4	2
第 12 章	网页代码	2	1
第 13 章	商业案例实训	3	
课 时 总 计		37	17

　　本书由李跃光、姜龙奎担任主编，王长涛、闫瑞峰担任副主编，刘帅、杜小杰参与部分章节的编写工作。由于时间仓促，加之水平有限，书中难免存在错误和不妥之处，敬请广大读者批评指正。

编　者

2013 年 7 月

目录
CONTENTS

1 Chapter

第 1 章
初识
Dreamweaver CS5

网页是网站最基本的组成部分，网站之间并不是杂乱无章的，它们通过各种链接相互关联，从而描述相关的主题或实现相同的目的。本章主要讲述 Dreamweaver CS5 的工作界面、创建网站框架、管理站点文件和文件夹及管理站点和网页文件头的设置。

课堂学习目标

- Dreamweaver CS5 的工作界面
- 创建网站框架
- 管理站点文件和文件夹
- 管理站点
- 网页文件头设置

1.1　Dreamweaver CS5 的工作界面

Dreamweaver CS5 的工作区将多个文档集中到一个窗口中，不仅降低了系统资源的占用，还可以更加方便地操作文档。Dreamweaver CS5 的工作窗口由五部分组成，分别是"插入"控制面板、"文档"工具栏、"文档"窗口、控制面板组和"属性"控制面板。Dreamweaver CS5 的操作环境简洁明快，可大大提高设计效率。

1.1.1　友善的开始页面

启动 Dreamweaver CS5 后首先看到开始页面，供用户选择新建文件的类型，或打开已有的文档等，如图 1-1 所示。

老用户如果不太习惯开始页面，可选择"编辑 > 首选参数"命令，弹出"首选参数"对话框，取消选择"显示欢迎屏幕"复选框，如图 1-2 所示。单击"确定"按钮完成设置。当用户再次启动 Dreamweaver CS5 后，将不再显示开始页面。

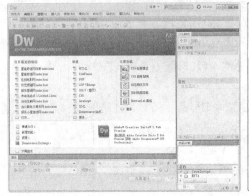

图 1-1

图 1-2

1.1.2　不同风格的界面

Dreamweaver CS5 的操作界面新颖淡雅，布局紧凑，为用户提供了一个轻松、愉悦的开发环境。

若用户想修改操作界面的风格，切换到自己熟悉的开发环境，可选择 "窗口 > 工作区布局"命令，弹出其子菜单，如图 1-3 所示，在子菜单中选择"编码器"或"设计器"命令。选择其中一种界面风格，页面会发生相应的改变。

1.1.3　伸缩自如的功能面板

在浮动面板的右上方单击按钮 ▶▶，可以隐藏或展开面板，如图 1-4 所示。

如果用户认为工作区不够大，可以将鼠标指针放在文档编辑窗口右侧与面板交界的框线处，当鼠标指针呈双向箭头时拖曳鼠

图 1-3

标，调整工作区的大小，如图 1-5 所示。若用户需要更大的工作区，可以将面板隐藏。

图 1-4　　　　　　　　　　　　　　　　图 1-5

1.1.4 多文档的编辑界面

Dreamweaver CS5 提供了多文档的编辑界面，将多个文档整合在一起，方便用户在各个文档之间切换，如图 1-6 所示。用户可以单击文档编辑窗口上方的选项卡，切换到相应的文档。通过多文档的编辑界面，用户可以同时编辑多个文档。

1.1.5 新颖的"插入"面板

Dreamweaver CS5 的"插入"面板在菜单栏的下方，如图 1-7 所示。

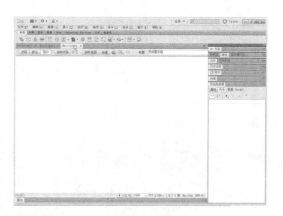

图 1-6

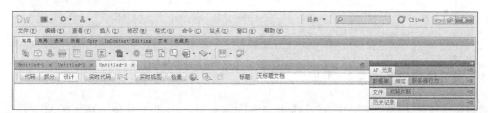

图 1-7

"插入"面板包括"常用"、"布局"、"表单"、"数据"、"Spry"、"InContext Editing"、"文本"、"收藏夹" 8 个选项卡，将不同功能的按钮分门别类地放在不同的选项卡中。在 Dreamweaver CS5 中，"插入"面板可用菜单和选项卡两种方式显示。如果需要菜单样式，用户可用鼠标右键单击"插入"面板的选项卡，在弹出的菜单中选择"显示为菜单"命令，如图 1-8 所示，更改后效果如图 1-9 所示。用户如果需要选项卡样式，可单击"常用"按钮上的黑色三角形，在下拉菜单中选择"显示为制表符"命令，如图 1-10 所示，更改后效果如图 1-11 所示。

"插入"面板将一些相关的按钮组合成菜单，当按钮右侧有黑色箭头时，表示其为展开式按钮，如图 1-12 所示。

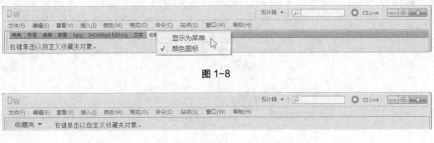

图 1-8

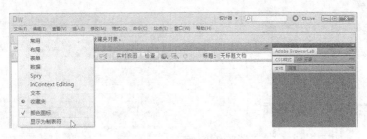

图 1-9

图 1-10

图 1-11

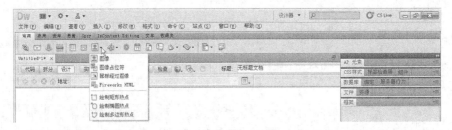

图 1-12

1.1.6　更完整的 CSS 功能

　　传统的 HTML 所提供的样式及排版功能非常有限，因此，复杂的网页版面主要靠 CSS 样式来实现。而 CSS 样式表的功能较多，语法比较复杂，需要用一个很好的工具软件有条不紊地整理复杂的 CSS 源代码，并适时地提供辅助说明。Dreamweaver CS5 就提供了这样方便有效的 CSS 功能。

　　"属性"面板提供了 CSS 功能。用户可以通过"属性"面板中"样式"选项的下拉列表对所选的对象应用样式创建和编辑样式，如图 1-13 所示。若某些文字应用了自定义样式，当用户调整这些文字的属性时，会自动生成新的 CSS 样式。

图 1-13

　　"页面属性"按钮也提供了 CSS 功能。单击"页面属性"按钮，弹出"页面属性"对话框，如图 1-14 所示。用户可以在"分类"列表的"链接"选项中的"下划线样式"选项的下拉列表中设置超链接的样式，这个设置会自动转化成 CSS 样式，如图 1-15 所示。

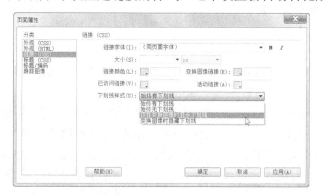

图 1-14

图 1-15

　　Dreamweaver CS5 除了提供如图 1-16 所示的"CSS 样式"控制面板外，还提供如图 1-17 所示的"CSS 属性"控制面板。"CSS 属性"控制面板使用户轻松查看规则的属性设置，并可快速修改嵌入在当前文档或通过附加的样式表链接的 CSS 样式。可编辑的网格使用户可以更改显示的属性值。对选择所作的更改都将立即应用，这使用户可以在操作的同时预览效果。

图 1-16

图 1-17

1.2　创建网站框架

　　所谓站点，可以看作是一系列文档的组合，这些文档通过各种链接建立逻辑关联。用户在建立网站前必须要建立站点，修改某网页内容时，也必须打开站点，然后修改站点内的网页。在 Dreamweaver CS5 中，站点一词是下列任意一项的简称。

　　（1）Web 站点。从访问者的角度来看，Web 站点是一组位于服务器上的网页，使用 Web 浏览器访问该站点的访问者可以对其进行浏览。

　　（2）远程站点。从创作者的角度来看，远程站点服务器上组成 Web 站点的文件。

　　（3）本地站点。与远程站点上的文件对应的本地磁盘上的文件。通常，先在本地磁盘上编辑文件，然后再将它们上传到远程站点服务器上。

　　（4）Dreamweaver CS5 站点定义。本地站点的一组定义特性，以及有关本地站点和远程站点对应方式的信息。

　　在做任何工作之前都应该制定工作计划并画出工作流程，建立网站也是如此。在动手建立站点之前，需要先调查研究，记录客户所需的服务，然后以此规划出网站的功能结构图（即设计草图）及其设计风格以体现站点的主题。另外，还要规划站点导航系统，避免浏览者在网页上迷失方向，找不到要浏览的内容。

1.2.1　站点管理器

　　站点管理器的主要功能包括新建站点、编辑站点、复制站点、删除站点以及导入或导出站点。若要管理站点，必须打开"管理站点"对话框。

　　启用"管理站点"对话框有以下几种方法。

　　选择"站点 > 管理站点"命令。

　　选择"窗口 > 文件"命令，启用"文件"控制面板，选择"文件"选项卡，如图 1-18 所示。单击控制面板左侧的下拉列表，选择"管理站点"命令，如图 1-19 所示。

　　在"管理站点"对话框中，通过"新建"、"编辑"、"复制"和"删除"按钮，可以新建一个站点、修改选择的站点、复制选择的站点、删除选择的站点。通过对话框的"导出"、"导入"按钮，用户可以将站点导出为 XML 文件，然后再将其导入到 Dreamweaver CS5。这样，用户就可以在不同的计算机和产品版本之间移动站点，或者与其他用户共享，如图 1-20 所示。

　　在"管理站点"对话框中，选择一个具体的站点，然后单击"完成"按钮，就会在"文件"控制面板的"文件"选项卡中出现站点管理器的缩略图。

图 1-18

图 1-19

图 1-20

1.2.2　创建文件夹

　　建立站点前，要先在站点管理器中规划站点文件夹。

　　新建文件夹的具体操作步骤如下。

　　（1）在站点管理器的右侧窗口中单击选择站点。

　　（2）通过以下几种方法新建文件夹。

　　选择"文件 > 新建文件夹"命令。

　　用鼠标右键单击站点，在弹出的菜单中选择"新建文件夹"命令。

　　（3）输入新文件夹的名称。

　　一般情况下，若站点不复杂，可直接将网页存放在站点的根目录下，并在站点根目录中，按照资源的种类建立不同的文件夹存放不同的资源。例如，image 文件夹存放站点中的图像文件，media 文件夹存放站点的多媒体文件等。若站点复杂，需要根据实现不同功能的板块，在站点根目录中按板块创建子文件夹存放不同的网页，这样可以方便网站设计者修改网站。

1.2.3　定义新站点

　　建立好站点文件夹后用户就可定义新站点了。在 Dreamweaver CS5 中，站点通常包含两部分，即本地站点和远程站点。本地站点是本地计算机上的一组文件，远程站点是远程 Web

服务器上的一个位置。用户将本地站点中的文件发布到网络上的远程站点，使公众可以访问它们。在 Dreamweaver CS5 中创建 Web 站点，通常先在本地磁盘上创建本地站点，然后创建远程站点，再将这些网页的副本上传到一个远程 Web 服务器上，使公众可以访问它们。本小节只介绍如何创建本地站点。

1．创建本地站点的步骤

（1）选择"站点 > 管理站点"命令，启用"管理站点"对话框，如图 1-21 所示。

（2）在对话框中单击"新建"按钮，弹出"站点设置对象 未命名站点 2"对话框，在对话框中，设计者通过"站点"选项卡设置站点名称，如图 1-22 所示，单击"高级设置"选项，在弹出的选项卡中根据需要设置站点，如图 1-23 所示。

图 1-21

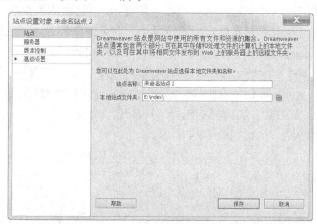

图 1-22

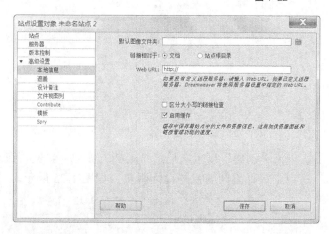

图 1-23

2．本地站点主要选项的作用

"本地信息"选项：表示定义或修改本地站点。

"站点名称"选项：在文本框中输入用户自定的站点名称。

"本地站点文件夹"选项：在文本框中输入本地磁盘中存储站点文件、模板和库项目的文件夹的名称，或者单击文件夹图标查找到该文件夹。

"默认图像文件夹"选项：在文本框中输入此站点的默认图像文件夹的路径，或者单击文件夹图标查找到该文件夹。例如，将非站点图像添加到网页中时，图像会自动添加到当前站点的默认图像文件夹中。

"区分大小写的链接检查"选项：选择此复选框，则对使用区分大小写的链接进行检查。

"启用缓存"选项：指定是否创建本地缓存以提高链接和站点管理任务的速度。若选择此复选框，则创建本地缓存。

1.2.4 创建和保存网页

创建站点后，用户需要创建网页来组织要展示的内容。合理的网页名称非常重要，一般网页文件的名称应容易理解，能反映网页的内容。

在网站中有一个特殊的网页是首页，每个网站必须有一个首页。访问者每当在 IE 浏览器的地址栏中输入网站地址，如在 IE 浏览器的地址栏中输入"www.sina.com.cn"时会自动打开新浪网的首页。一般情况下，首页的文件名为"index.htm"、"index.html"、"index.asp"、"default.asp"、"default.htm"或"default.html"。

在标准的 Dreamweaver CS5 环境下，建立和保存网页的操作步骤如下。

（1）选择"文件 > 新建"命令，启用"新建文档"对话框，选择"空白页"选项，在"页面类型"选项框中选择"HTML"选项，在"布局"选项框中选择"无"选项，创建空白网页，设置如图 1-24 所示。

图 1-24

（2）设置完成后，单击"创建"按钮，弹出"文档"窗口，新文档在该窗口中打开。根据需要，在"文档"窗口中选择不同的视图设计网页，如图 1-25 所示。

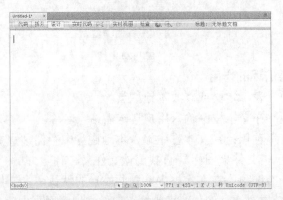

图 1-25

"文档"窗口中有 3 种视图方式，这 3 种视图方式的作用如下。

"代码"视图：对于有编程经验的网页设计用户而言，可在"代码"视图中查看、修改和编写网页代码，以实现特殊的网页效果，"代码"视图的效果如图 1-26 所示。

"设计"视图：以所见即所得的方式显示所有网页元素，"设计"视图的效果如图 1-27 所示。

图 1-26　　　　　　　　　　　　　　　　　　图 1-27

"拆分"视图：将文档窗口分为上下两部分，上部分是代码部分，显示代码；下部分是设计部分，显示网页元素及其在页面中的布局。在此视图中，网页设计用户通过在设计部分单击网页元素的方式，快速地定位到要修改的网页元素代码的位置，进行代码的修改，或在"属性"面板中修改网页元素的属性。"拆分"视图的效果如图 1-28 所示。

（3）网页设计完成后，选择"文件 > 保存"命令，弹出"另存为"对话框，在"文件名"选项的文本框中输入网页的名称，如图 1-29 所示，单击"保存"按钮，将该文档保存在站点文件夹中。

图 1-28　　　　　　　　　　　　　　　　　　图 1-29

1.3　管理站点文件和文件夹

前面介绍了在站点文件夹列表中创建文件和文件夹的方法。当站点结构发生变化时，还需要对站点文件和文件夹进行移动和重命名等操作。下面介绍如何在"文件"控制面板中的站点文件夹列表中对站点文件和文件夹进行管理。

1.3.1 重命名文件和文件夹

修改文件名或文件夹名称操作的具体步骤如下。

（1）选择"窗口 > 文件"命令，启用"文件"控制面板，在其中选择要重命名的文件或文件夹。

（2）可以通过以下几种方法激活文件或文件夹的名称。

单击文件名，稍停片刻，再次单击文件名。

用鼠标右键单击文件或文件夹图标，在弹出的菜单中选择"编辑 > 重命名"命令。

（3）输入新名称，按 Enter 键。

1.3.2 移动文件和文件夹

移动文件名或文件夹名称的操作步骤如下。

（1）选择"窗口 > 文件"命令，启用"文件"控制面板，在其中选择要移动的文件或文件夹。

（2）通过以下几种方法移动文件或文件夹。

复制该文件或文件夹，然后粘贴在新位置。

将该文件或文件夹直接拖曳到新位置。

（3）"文件"控制面板会自动刷新，这样就可以看到该文件或文件夹在新位置上。

1.3.3 删除文件或文件夹

删除文件或文件夹有以下几种方法。

选择"窗口 > 文件"命令，启用"文件"控制面板，在其中选择要删除的文件或文件夹，按<Delete>键进行删除。

用鼠标右键单击要删除的文件或文件夹，从弹出的菜单中选择"编辑 > 删除"命令。

1.4 管理站点

在建立站点后，可以对站点进行打开、修改、复制、删除、导入、导出等操作。

1.4.1 打开站点

当要修改某个网站的内容时，首先要打开站点。打开站点就是在各站点间进行切换。打开站点的具体操作步骤如下。

（1）启动 Dreamweaver CS5。

（2）选择"窗口 > 文件"命令，启用"文件"控制面板，在其中选择要打开的站点名，打开站点，如图 1-30、图 1-31 所示。

1.4.2 编辑站点

有时用户需要修改站点的一些设置，此时需要编辑站点。例如，修改站点的默认图像文件夹的路径，具体的操作步骤如下。

（1）选择"站点 > 管理站点"命令，启用"管理站点"对话框。

图 1-30　　　　　　　　　　　　　图 1-31

（2）在对话框中，选择要编辑的站点名，单击"编辑"按钮，弹出"站点设置对象 未命名站点 2"对话框，选择"高级设置"选项卡，此时可根据需要进行修改，如图 1-32 所示，单击"保存"按钮完成设置，回到"管理站点"对话框。

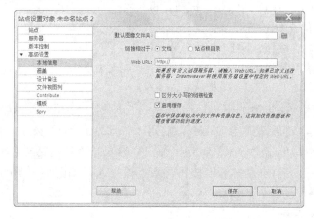

图 1-32

（3）如果不需要修改其他站点，可单击"完成"按钮关闭"管理站点"对话框。

1.4.3　复制站点

复制站点可省去重复建立多个结构相同站点的操作步骤，可以提高用户的工作效率。在"管理站点"对话框中可以复制站点，其具体操作步骤如下。

（1）在"管理站点"对话框左侧的站点列表中选择要复制的站点，单击"复制"按钮进行复制。

（2）用鼠标左键双击新复制出的站点，在弹出的"站点定义为"对话框中更改新站点的名称。

1.4.4　删除站点

删除站点只是删除 Dreamweaver CS5 同本地站点间的关系，而本地站点包含的文件和文件夹仍然保存在磁盘原来的位置上。换句话说，删除站点后，虽然站点文件夹保存在计算机中，但在 Dreamweaver CS5 中已经不存在此站点。例如，在按如下步骤删除站点后，在"管理站点"对话框中，不存在该站点的名称。

在"管理站点"对话框中删除站点的具体操作步骤如下。

（1）在"管理站点"对话框左侧的站点列表中选择要删除的站点。

（2）单击"删除"按钮即可删除选择的站点。

1.4.5　导入和导出站点

如果在计算机之间移动站点，或者与其他用户共同设计站点，可通过 Dreamweaver CS5 的导入和导出站点功能实现。导出站点功能是将站点导出为".ste"格式文件，然后在其他计算机上将其导入 Dreamweaver CS5 中。

1.　导出站点

（1）选择"站点 > 管理站点"命令，启用"管理站点"对话框。在对话框中，选择要导出的站点，单击"导出"按钮，弹出"导出站点"对话框。

（2）在该对话框中浏览并选择保存该站点的路径，如图 1-33 所示，单击"保存"按钮，保存扩展名为".ste"的文件。

（3）单击"完成"按钮，关闭"管理站点"对话框，完成导出站点的设置。

图 1-33

2.　导入站点

导入站点的具体操作步骤如下。

（1）选择"站点 > 管理站点"命令，启用"管理站点"对话框。

（2）在对话框中，单击"导入"按钮，弹出"导入站点"对话框，浏览并选定要导入的站点，如图 1-34 所示，单击"打开"按钮，站点被导入，如图 1-35 所示。

图 1-34

图 1-35

（3）单击"完成"按钮，关闭"管理站点"对话框，完成导入站点的设置。

1.5　网页文件头设置

文件头标签在网页中是看不到的，它包含在网页中的\<head\>…\</head\>标签之间，所有包含在该标签之间的内容在网页中都是不可见的，文件头标签主要包括 meta、关键字、说明、刷新、基础和链接等。

1.5.1 插入搜索关键字

在万维网上通过搜索引擎查找资料时，搜索引擎自动读取网页中<meta>标签的内容，所以网页中的搜索关键字非常重要，它可以间接地宣传网站，提高访问量。但搜索关键字并不是字数越多越好，因为有些搜索引擎限制索引的关键字或字符的数目，当超过了限制的数目时，它将忽略所有的关键字，所以最好只使用几个精选的关键字。一般情况下，关键字是对网页的主题、内容、风格或作者等内容的概括。

设置网页搜索关键字的具体操作步骤如下。

（1）选中文档窗口中的"代码"视图，将鼠标指针放在<head>标签中，选择"插入 > HTML > 文件头标签 > 关键字"命令，打开"关键字"对话框，如图 1-36 所示。

（2）在"关键字"对话框中输入相应的中文或英文关键字，但注意关键字间要用半角的逗号分隔。例如，设定关键字为"心情"，则"关键字"对话框的设置如图 1-37 所示，单击"确定"按钮，完成设置。

图 1-36

图 1-37

（3）此时，观察"代码"视图，发现<head>标签内多了下述代码。

"<meta name="keywords" content="心情" />"

同样，还可以通过<meta>标签实现设置搜索关键字，具体操作步骤如下。

选择"插入 > HTML > 文件头标签 > Meta"命令，启用"META"对话框。在"属性"选项的下拉列表中选择"名称"，在"值"选项的文本框中输入"keywords"，在"内容"选项的文本框中输入关键字信息，如图 1-38 所示。设置完成，单击"确定"按钮后可在"代码"视图中查看相应的 html 标记。

图 1-38

1.5.2 插入作者和版权信息

要设置网页的作者和版权信息，可选择"插入 > HTML > 文件头标签 > Meta"命令，启用"META"对话框。在"值"选项的文本框中输入"@ Copyright"，在"内容"选项的文本框中输入作者名称和版权信息，如图 1-39 所示，完成后单击"确定"按钮。

此时，在"代码"视图中的<head>标签内可以查看相应的 html 标记。

图 1-39

"<meta name="@ Copyright " content="版权所有" />"

1.5.3　设置刷新时间

要指定载入页面刷新或者转到其他页面的时间，可设置文件头部的刷新时间项，具体操作步骤如下。

（1）选中文档窗口中的"代码"视图，将鼠标指针放在<head>标签中，选择"插入 > HTML > 文件头标签 > 刷新"命令，启用"刷新"对话框，如图 1-40 所示。

"刷新"对话框中各选项的作用如下。

"延迟"选项：设置浏览器刷新页面之前需要等待的时间，以秒为单位。若要浏览器在完成载入后立即刷新页面，则在文本框中输入"0"。

"操作"选项组：指定在规定的延迟时间后，浏览器是转到另一个 URL 还是刷新当前页面。若要打开另一个 URL 而不刷新当前页面，应单击"浏览"按钮，选择要载入的页面。

如果想显示在线人员列表或浮动框架中的动态文档，那么可以指定浏览器定时刷新当前打开的网页。因为它可以实时地反映在线或离线用户，以及动态文档实时改变的信息。

（2）在"刷新"对话框中设置刷新时间。

例如，要将网页设定为每隔 1 分钟自动刷新，可在"刷新"对话框中进行设置，如图 1-41 所示。

图 1-40

图 1-41

此时，在"代码"视图中的<head>标签内可以查看相应的 html 标记。

"<meta http-equiv="refresh" content="60" />"

同样，还可以通过<meta>标签实现对刷新时间的设置，具体设置如图 1-42 所示。

如果想设置浏览引导主页 10 秒后，自动打开主页，可在引导主页的"刷新"对话框中进行如图 1-43 所示的设置。

图 1-42

图 1-43

1.5.4　设置描述信息

搜索引擎也可通过读取<meta>标签的说明内容来查找信息，但说明信息主要是设计者对网页内容的详细说明，而关键字可以让搜索引擎尽快搜索到网页。设置网页说明信息的具体操作步骤如下。

（1）选中文档窗口中的"代码"视图，将鼠标指针放在<head>标签中，选择"插入 > HTML

> 文件头标签 > 说明"命令，启用"说明"对话框。

（2）在"说明"对话框中设置说明信息。

例如，在网页中设置为网站设计者提供"利用 ASP 脚本，按用户需求进行查询"的说明信息，对话框中的设置如图 1-44 所示。

此时，在"代码"视图中的<head>标签内可以查看相应的 html 标记。

"<meta name="description" content="利用 ASP 脚本，按用户需求进行查询" />"

同样，还可以通过<meta>标签实现，具体设置如图 1-45 所示。

图 1-44　　　　　　　　　　　　　　　　图 1-45

1.5.5　设置页面中所有链接的基准链接

基准链接类似于相对路径，若要设置网页文档中所有链接都以某个链接为基准，可添加一个基本链接，但其他网页的链接与此页的基准链接无关。设置基准链接的具体操作如下。

（1）选中文档窗口中的"代码"视图，将鼠标指针放在<head>标签中，选择"插入 > HTML > 文件头标签 > 基础"命令，弹出"基础"对话框。

（2）在"基础"对话框中设置"HREF"和"目标"两个选项。这两个选项的作用如下。

"HREF"选项：设置页面中所有链接的基准链接。

"目标"选项：指定所有链接的文档应在哪个框架或窗口中打开。

例如，当前页面中的所有链接都是以"http://www.baidu.com"为基准链接，而不是本服务器的 URL 地址，则"基础"对话框中的设置如图 1-46 所示。

图 1-46

此时，在"代码"视图中的<head>标签内可以查看相应的 html 标记。

"<base href="http://www.baidu.com" target=" " />"

一般情况下，在网页的头部插入基准链接不带有普遍性，只是针对个别网页而言。当个别网页需要临时改变服务器域名和 IP 地址时，才在其文件头部插入基准链接。当需要大量、长久地改变链接时，网站设计者最好在站点管理器中完成。

1.5.6　设置当前文件与其他文件的关联性

<head> 部分的<link>标签可以定义当前文档与其他文件之间的关系，它与 <body> 部分中的文档之间的 HTML 链接是不一样的，其具体操作步骤如下。

（1）选中文档窗口中的"代码"视图，将光标放在<head>标签中，选择"插入 > HTML > 文件头标签 > 链接"命令，弹出"链接"对话框，如图 1-47 所示。

图 1-47

（2）在"链接"对话框中设置相应的选项。对话框中各选项的作用如下。

"HREF"选项：用于定义与当前文件相关联的文件的 URL。它并不表示通常 HTML 意义上的链接文件，链接元素中指定的关系更复杂。

"ID"选项：为链接指定一个唯一的标志符。

"标题"选项：用于描述关系。该属性与链接的样式表有特别的关系。

"Rel"选项：指定当前文档与"HREF"选项中的文档之间的关系。其值包括替代、样式表、开始、下一步、上一步、内容、索引、术语、版权、章、节、小节、附录、帮助和书签。若要指定多个关系，则用空格将各个值隔开即可。

"Rev"选项：指定当前文档与"HREF"选项中的文档之间的相反关系，与"Rel"选项相对。其值与"Rel"选项的值相同。

2 Chapter

第 2 章
文本与文档

不管网页内容如何丰富，文本自始至终都是网页中最基本的元素。由于文本产生的信息量大，输入、编辑起来方便，并且生成的文件小，容易被浏览器下载，不会占用太多的等待时间，因此掌握好文本的使用，对于制作网页来说是最基本的要求。

课堂学习目标
- 文本与文档
- 项目符号和编号列表
- 水平线、网格与标尺

2.1　文本与文档

　　文本是网页中最基本的元素。它不仅能准确表达网页制作者的思想，还有信息量大、输入修改方便、生成的文件小、易于浏览下载等特点。因此，对于网站设计者而言，掌握文本的使用方法非常重要，但是与图像及其他相比，文本很难激发浏览者的阅读兴趣，所以用户制作网页时，除了要在文本的内容上多下功夫外，排版也非常重要。在文档中灵活运用丰富的字体、多种段落格式以及赏心悦目的文本效果，对于一个专业的网站设计者而言，是必不可少的一项技能。

2.1.1　输入文本

　　应用 Dreamweaver CS5 编辑网页时，在文档窗口中光标为默认显示状态。要添加文本，首先应将光标移动到文档窗口中的编辑区域，然后直接输入文本，就像在其他文本编辑器中一样。打开一个文档，在文档中单击鼠标左键，将光标置于其中，然后在光标后面输入文本，如图 2-1 所示。

图 2-1

提示

*　　除了直接输入文本外，也可将其他文档中的文本复制后，粘贴到当前的文档中。需要注意的是，粘贴文本到Dreamweaver CS5 的文档窗口时，该文本不会保留原有的格式，但是会保留原来文本中的段落格式。*

2.1.2　设置文本属性

　　利用文本属性可以方便地修改选中文本的字体、字号、样式、对齐方式等，以获得预期的效果。

　　选择"窗口 > 属性"命令，弹出"属性"面板，在 HTML 和 CSS 属性面板中都可以设置文本的属性，如图 2-2、图 2-3 所示。

图 2-2

图 2-3

　　"属性"面板中各选项的含义如下。

　　"目标规则"选项：设置已定义的或引用的 CSS 样式为文本的样式。

"字体"选项：设置文本的字体组合。

"大小"选项：设置文本的字级。

"文本颜色"按钮 ：设置文本的颜色。

"粗体"按钮 **B**、"斜体"按钮 *I*：设置文字格式。

"左对齐"按钮 、"居中对齐"按钮 、"右对齐"按钮 、"两端对齐"按钮 ：设置段落在网页中的对齐方式。

"格式"选项：设置所选文本的段落样式。例如，使段落应用"标题 1"的段落样式。

"项目列表"按钮 、"编号列表"按钮 ：设置段落的项目符号或编号。

"文本凸出"按钮 、"文本缩进"按钮 ：设置段落文本向右凸出或向左缩进一定距离。

2.1.3　输入连续的空格

在默认状态下，Dreamweaver CS5 只允许网站设计者输入一个空格，要输入连续多个空格则需要进行设置或通过特定操作才能实现。

1. 设置"首选参数"对话框

（1）选择"编辑 > 首选参数"命令，弹出"首选参数"对话框，如图 2-4 所示。

（2）在"首选参数"对话框左侧的"分类"列表中选择"常规"选项，在右侧的"编辑选项"选项组中选择"允许多个连续的空格"复选框，单击"确定"按钮完成设置。此时，用户可连续按<Space>键在文档编辑区内输入多个空格。

图 2-4

2. 直接插入多个连续空格

在 Dreamweaver CS5 中插入多个连续空格，有以下几种方法。

（1）选择"插入"面板中的"文本"选项卡，单击"字符"展开式按钮 ，选择"不换行空格"按钮 。

（2）选择"插入 > HTML > 特殊字符 > 不换行空格"命令，或按 Ctrl+Shift+Space 快捷键。

（3）将输入法转换到中文的全角状态下。

2.1.4　设置是否显示不可见元素

在网页的设计视图中，有一些元素仅用来标志该元素的位置，而在浏览器中是不可见的。例如，脚本图标是用来标志文档正文中的 Javascript 或 Vbscript 代码的位置，换行符图标是用来标志每个换行符
 的位置等。在设计网页时，为了快速找到这些不可见元素的位置，常常需要改变这些元素在设计视图中的可见性。

显示或隐藏某些不可见元素的具体操作步骤如下。

（1）选择"编辑 > 首选参数"命令，弹出"首选参数"对话框。

（2）在"首选参数"对话框左侧的"分类"列表中选择"不可见元素"选项，根据需要选择或取消选择右侧的多个复选框，以实现不可见元素的显示或隐藏，如图 2-5 所示，单击

"确定"按钮完成设置。

最常用的不可见元素是换行符、脚本、命名锚记、层锚记和表单隐藏区域，一般将它们设为可见。

但细心的网页设计者会发现，虽然在"首选参数"对话框中设置某些不可见元素为显示的状态，但在网页的设计视图中却看不见这些不可见元素。为了解决这个问题，还必须选择"查看 > 可视化助理 > 不可见元素"命令，选择"不可见元素"选项后，效果如图 2-6 所示。

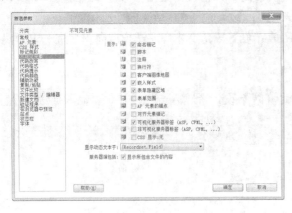

图2-5　　　　　　　　　　　　　　　　　　图2-6

要在网页中添加换行符不能只按Enter 键，而要按Shift+Enter 组合键。

2.1.5　设置页边距

按照文章的书写规则，正文与纸的四周需要留有一定的距离，这个距离叫页边距。网页设计也如此，在默认状态下文档的上、下、左、右边距不为零。

修改页边距的具体操作步骤如下。

（1）选择"修改 > 页面属性"命令，弹出"页面属性"对话框，如图 2-7 所示。

图2-7

在"页面属性"对话框中选择"外观（HTML）"选项，"页面属性"对话框提供的界面将发生改变，如图 2-8 所示。

（2）根据需要在对话框的"左边距"、"上边距"、"边距宽度"和"边距高度"选项的数值框中输入相应的数值。这些选项的含义如下。

"左边距"、"右边距"：指定网页内容浏览器左、右页边的大小。

"上边距"、"下边距"：指定网页内容浏览器上、下页边的大小。

"边距宽度"：指定网页内容 Navigator 浏览器左、右页边的大小。
"边距高度"：指定网页内容 Navigator 浏览器上、下页边的大小。

图 2-8

2.1.6 设置网页的标题

HTML 页面的标题可以帮助站点浏览者理解所查看网页的内容，并在浏览者的历史记录和书签列表中标志页面。文档的文件名是通过保存文件命令保存的网页文件名称，而页面标题是浏览者在浏览网页时浏览器标题栏中显示的信息。

更改页面标题的具体操作步骤如下。

（1）选择"修改 > 页面属性"命令，启用"页面属性"对话框。

（2）在对话框的"分类"选项框中选择"标题/编码"选项，在对话框右侧"标题"选项的文本框中输入页面标题，如图 2-9 所示，单击"确定"按钮，完成设置。

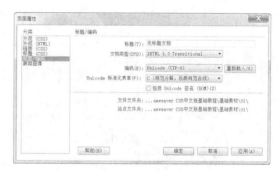

图 2-9

2.1.7 课堂案例——青山别墅网页

【案例学习目标】使用"修改"命令设置页面外观、网页标题等效果。使用"编辑"命令设置允许多个连续空格。

【案例知识要点】使用"页面属性"命令设置页面外观、网页标题效果，使用"首选参数"命令设置允许多个连续空格，如图 2-10 所示。

【效果所在位置】光盘/Ch02/效果/青山别墅网页.html。

1. 设置页面属性

（1）选择"文件 > 打开"命令，在弹出的菜单中选择"Ch02 > 素材 > 青山别墅网页 > index.html"文件，如图 2-11 所示。

（2）选择"修改 > 页面属性"命令，弹出"页面属性"对话框，在"页面属性"对话框左侧"分类"选项列表中选择"外观"选项，将右侧的"大小"选项设为 12，"文本颜色"

图 2-10

选项设为白色，"上边距"选项均设为 0，如图 2-12 所示。

图 2-11   图 2-12

（3）在"分类"选项列表中选择"标题/编码"选项，在"标题"选项文本框中输入"青山别墅网页"，如图 2-13 所示，单击"确定"按钮，效果如图 2-14 所示。

图 2-13   图 2-14

2. 输入空格和文字

（1）选择"编辑 > 首选参数"命令，在"首选参数"对话框左侧的分类列表中选择"常规"选项，在右侧的"编辑选项"中选择"允许多个连续的空格"复选框，如图 2-15 所示，单击"确定"按钮完成设置。

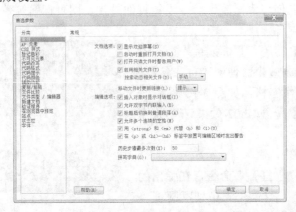

图 2-15

（2）将光标置入到如图 2-16 所示的单元格中。在光标所在的位置输入文字"首页"，如图 2-17 所示。

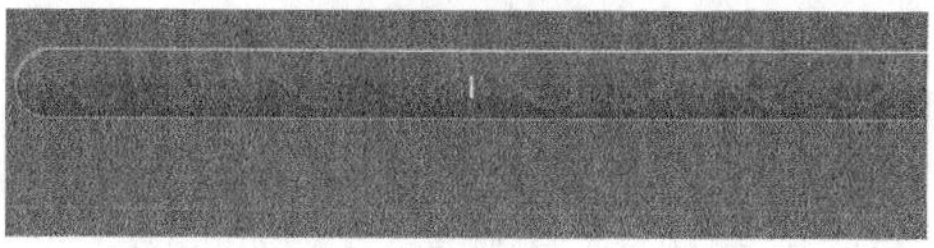

图 2-16

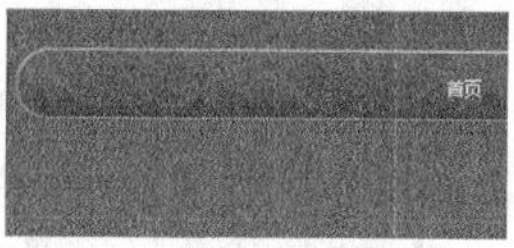

图 2-17

（3）按五次 Space 键，输入空格，如图 2-18 所示。在光标所在的位置输入文字"关于我们"，如图 2-19 所示。用相同的方输入其他文字，如图 2-20 所示。保存文档，按 F12 键预览效果，如图 2-21 所示。

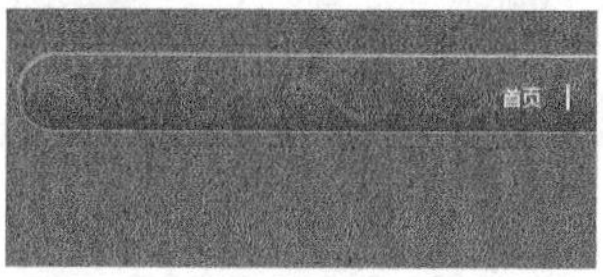

图 2-18

图 2-19

图 2-20

图 2-21

2.1.8　设置网页的默认格式

用户在制作新网页时，页面都有一些默认的属性，如网页的标题、网页边界、文字编码、文字颜色和超链接的颜色等。若需要修改网页的页面属性，可选择"修改 > 页面属性"命令，弹出"页面属性"对话框，如图 2-22 所示。对话框中各选项的作用如下。

图 2-22

"外观"选项组：设置网页背景颜色、背景图像，网页文字的字体、字号、颜色和网页边界。

"链接"选项组：设置链接文字的格式。

"标题"选项组：为标题 1 至标题 6 指定标题标签的字体大小和颜色。

"标题/编码"选项组：设置网页的标题和网页的文字编码。一般情况下，将网页的文字编码设定为简体中文 GB2312 编码。

"跟踪图像"选项组：一般在复制网页时，若想使原网页的图像作为复制网页的参考图像，可使用跟踪图像的方式实现。跟踪图像仅作为复制网页的设计参考图像，在浏览器中并不显示出来。

2.1.9　改变文本的大小

Dreamweaver CS5 提供两种改变文本大小的方法，一种是设置文本的默认大小，另一种是设置选中文本的大小。

1. 设置文本的默认大小

（1）选择"修改 > 页面属性"命令，弹出"页面属性"对话框。

（2）在"页面属性"对话框左侧的"分类"列表中选择"外观"选项，在右侧的"大小"选项中根据需要选择文本的大小，如图 2-23 所示，单击"确定"按钮完成设置。

2. 设置选中文本的大小

在 Dreamweaver CS5 中，可以通过"属性"面板设置选中文本的大小，步骤如下。

（1）在文档窗口中选中文本。

图 2-23

（2）在"属性"面板中，单击"大小"选项的下拉列表选择相应的值，如图 2-24 所示。

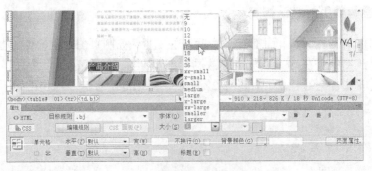

图 2-24

2.1.10　改变文本的颜色

丰富的视觉色彩可以吸引用户的注意，网页中的文本不仅可以是黑色，还可以呈现为其他色彩，最多时可达到 16 777 216 种颜色。颜色的种类与用户显示器的分辨率和颜色值有关，所以，通常在 216 种网页色彩中选择文字的颜色。

在 Dreamweaver CS5 中提供了两种改变文本颜色的方法。

1. 设置文本的默认颜色

（1）选择"修改 > 页面属性"命令，弹出"页面属性"对话框。

（2）在左侧的"分类"列表中选择"外观"选项，在右侧的"文本颜色"选项中选择具体的文本颜色，如图 2-25 所示，单击"确定"按钮完成设置。

图 2-25

2. 设置选中文本的颜色

为了对不同的文字设定不相同的颜色，Dreamweaver CS5 提供了两种改变选中文本颜色的方法。

通过"文本颜色"按钮设置选中文本的颜色，步骤如下。

（1）在文档窗口中选中文本。

（2）单击"属性"面板中的"文本颜色"按钮 选择相应的颜色，如图 2-26 所示。

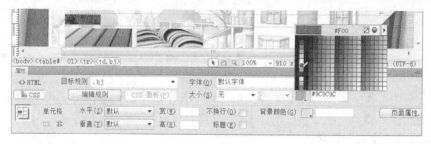

图 2-26

通过"颜色"命令设置选中文本的颜色，步骤如下。

（1）在文档窗口中选中文本。

（2）选择"格式 > 颜色"命令，弹出"颜色"对话框，如图 2-27 所示。选择相应的颜色，单击"确定"按钮完成设置。

2.1.11 改变文本的字体

Dreamweaver CS5 提供了两种改变文本字体的方法，一种是设置文本的默认字体，一种是设置选中文本的字体。

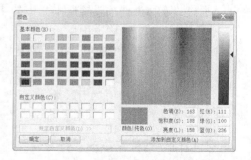

图 2-27

1. 设置文本的默认字体

（1）选择"修改 > 页面属性"命令，弹出"页面属性"对话框。

（2）在左侧的"分类"列表中选择"外观"选项，在右侧选择"页面字体"选项，弹出其下拉列表，如果列表中有合适的字体组合，可直接单击选择该字体组合，如图2-28所示。否则，需选择"编辑字体列表"选项，在弹出的"编辑字体列表"对话框中自定义字体组合。

图2-28

（3）单击按钮，在"可用字体"列表中选择需要的字体，然后单击按钮，将其添加到"字体列表"中，如图2-29、图2-30所示。在"可用字体"列表中再选中另一种字体，再次单击按钮，在"字体列表"中建立字体组合，单击"确定"按钮完成设置。

图2-29

图2-30

（4）重新在"页面属性"对话框"页面字体"选项的下拉列表中选择刚建立的字体组合作为文本的默认字体。

2. 设置选中文本的字体

为了将不同的文字设定为不相同的字体，Dreamweaver提供了两种改变选中文本字体的方法。

通过"字体"选项设置选中文本的字体，步骤如下。

（1）在文档窗口中选中文本。

（2）选择"属性"面板，在"字体"选项的下拉列表中选择相应的字体，如图2-31所示。

通过"字体"命令设置选中文本的字体，步骤如下。

（1）在文档窗口中选中文本。

（2）选择"格式 > 字体"命令，在弹出的子菜单中选择相应的字体，如图2-32所示。

2.1.12 改变文本的对齐方式

文本的对齐方式是指文字相对于文档窗口或浏览器窗口在水平位置的对齐方式。对齐方式按钮有以下4种。

"左对齐"按钮：使文本在浏览器窗口中左对齐。

图 2-31   图 2-32

"居中对齐"按钮：使文本在浏览器窗口中居中对齐。

"右对齐"按钮：使文本在浏览器窗口中右对齐。

"两端对齐"按钮：使文本在浏览器窗口中两端对齐。

通过对齐按钮改变文本的对齐方式，步骤如下。

（1）将插入点放在文本中，或者选择段落。

（2）在"属性"面板中单击相应的对齐按钮，如图 2-33 所示。

图 2-33

对段落文本的对齐操作，实际上是对<p>标记的 align 属性设置。align 属性值有 3 种选择，其中 left 表示左对齐，center 表示居中对齐，而 right 表示右对齐。例如，下面的 3 条语句分别设置了段落的左对齐、居中对齐和右对齐方式，效果如图 2-34 所示。

左对齐

居中对齐

左对齐

通过对齐命令改变文本的对齐方式，步骤如下。

（1）将插入点放在文本中，或者选择段落。

（2）选择"格式 > 对齐"命令，弹出其子菜单，如图 2-35 所示，选择相应的对齐方式。

图 2-34   图 2-35

2.1.13　设置文本样式

文本样式是指字符的外观显示方式，如加粗文本、倾斜文本和文本加下划线等。

1.　通过"样式"命令设置文本样式

（1）在文档窗口中选中文本。

（2）选择"格式 > 样式"命令，在弹出的子菜单中选择相应的样式，如图 2-36 所示。

（3）选择需要的选项后，即可为选中的文本设置相应的字符格式，被选中的菜单命令左侧会带有选中标记 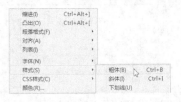。

图 2-36

 提示

如果希望取消设置的字符格式，可以再次打开子菜单，取消对该菜单命令的选择。

2. 通过"属性"面板设置文本样式

单击"属性"面板中的"粗体"按钮 **B** 和"斜体"按钮 *I* 可快速设置文本的样式，如图 2-37 所示。如果要取消粗体或斜体样式，再次单击相应的按钮。

图 2-37

3. 使用快捷键快速设置文本样式

另外一种快速设置文本样式的方法是使用快捷键。按 Ctrl+B 快捷键，可以将选中的文本加粗。按 Ctrl+I 快捷键，可以将选中的文本倾斜。

 提示

再次按相应的快捷键，则可取消文本样式。

2.1.14 段落文本

段落是指描述一个主题并且格式统一的一段文字。在文档窗口中，输入一段文字后按 Enter 键，这段文字就显示在<P>……</P>标签中。

1. 应用段落格式

通过格式选项应用段落格式，步骤如下。

（1）将插入点放在段落中，或者选择段落中的文本。

（2）选择"属性"面板，在"格式"选项的下拉列表中选择相应的格式，如图 2-38 所示。通过段落格式命令应用段落格式，步骤如下。

（1）将插入点放在段落中，或者选择段落中的文本。

（2）选择"格式 > 段落格式"命令，弹出其子菜单，如图 2-39 所示，选择相应的段落格式。

2. 指定预格式

预格式标记是<pre>和</pre>。预格式化是指用户预先对<pre>和</pre>的文字进行格式化，以便在浏览器中按真正的格式显示其中的文本。例如，用户在段落中插入多个空格，但浏览器却按一个空格处理。为这段文字指定预格式后，就会按用户的输入显示多个空格。

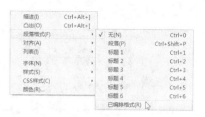

图 2-38　　　　　　　　　　　　　　　　　　　　　图 2-39

通过"格式"选项指定预格式，步骤如下。

（1）将插入点放在段落中，或者选择段落中的文本。

（2）选择"属性"面板，在"格式"选项的下拉列表中选择"预先格式化的"选项，如图 2-40 所示。

通过"段落"格式指定预格式，步骤如下。

（1）将插入点放在段落中，或者选择段落中的文本。

（2）选择"格式 > 段落格式"命令，弹出其子菜单，如图 2-41 所示，选择"已编排格式"命令。

图 2-40　　　　　　　　　　　　　　　　　　　　　图 2-41

通过已编排格式按钮指定预格式，单击"插入"面板"文本"选项卡中的"已编排格式"按钮 PRE，指定预格式。

 提示

若想去除文字的格式，可按上述方法，将"格式"选项设为"无"。

2.1.15　课堂案例——宠物狗网店

【案例学习目标】使用属性面板改变网页中的元素，使网页变得更加美观。

【案例知识要点】使用属性面板设置文字大小、颜色及字体，如图 2-42 所示。

【效果所在位置】光盘/Ch02/效果/宠物狗网店/index.html

1．添加字体

（1）选择"文件 > 打开"命令，在弹出的对话框中选择光盘"Ch02 > 素材 > 宠物狗网店 > index.html"文件，单击"打开"按钮，效果如图 2-43 所示。

（2）在"属性"面板中单击"字体"下拉列表，在弹出的列表中选择"编辑字体列表"选项，

图 2-42

如图 2-44 所示。

图 2-43　　　　　　　　　　　　　　　　　　　图 2-44

（3）弹出"编辑字体列表"对话框，在"可用字体"列表中选择需要的字体，然后单击按钮 ，将其添加到"字体列表"中，再次单击按钮 ，如图 2-45 所示。使用相同方法再次添加需要的字体，效果如图 2-46 所示，单击"确定"按钮完成设置。

图 2-45　　　　　　　　　　　　　　　　　　　图 2-46

2. 改变文字外观

（1）选择"窗口 > CSS 样式"命令，弹出"CSS 样式"面板，单击"新建 CSS 规则"按钮 ，在弹出的对话框中进行设置，如图 2-47 所示，单击两次"确定"按钮。

（2）选中如图 2-48 所示的文字，在"目标规则"选项下拉列表中选择刚刚定义的样式".text"，应用样式，在"属性"面板中将"大小"选项设为 50，在"字体"下拉列表中选择新添加的字体，"颜色"选项设为黄绿色（#88c212），如图 2-49 所示，效果如图 2-50 所示。

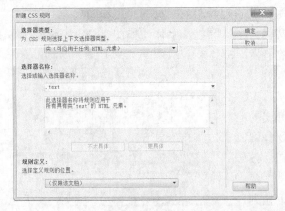

图 2-47　　　　　　　　　　　　　　　　　　　图 2-48

图 2-49　　　　　　　　　　　　　　　　　图 2-50

（3）选中如图 2-51 所示的文字，在"目标规则"选项下拉列表中选择".text"，应用样式，如图 2-52 所示。用相同的方法制作出如图 2-53 所示的效果。

图 2-51　　　　　　　图 2-52　　　　　　　　　　　　图 2-53

（4）新建 CSS 样式".text2"，选中如图 2-54 所示的数字，应用样式，在"属性"面板中将"大小"选项设为 50，在"字体"下拉列表中选择"微软雅黑"字体，"颜色"选项设为灰色（#787878），效果如图 2-55 所示。

（5）选中如图 2-56 所示的文字，在"目标规则"选项下拉列表中选择".text2"，应用样式，如图 2-57 所示。用相同的方法制作出如图 2-58 所示的效果。

图 2-54　　　　　　　图 2-55　　　　　　　图 2-56　　　　　　　图 2-57

图 2-58

（6）保存文档，按 F12 键预览效果，如图 2-59 所示。

图 2-59

2.2 项目符号和编号列表

项目符号和编号可以表示不同段落的文本之间的关系，因此，在文本上设置编号或项目符号并进行适当的缩进，可以直观地表示文本间的逻辑关系。

2.2.1 设置项目符号或编号

通过项目列表或编号列表按钮设置项目符号或编号，步骤如下。

（1）选择段落。

（2）在“属性”面板中，单击“项目列表”按钮或“编号列表”按钮，为文本添加项目符号或编号。设置了项目符号和编号后的段落效果如图 2-60 所示。

通过列表设置项目符号或编号，步骤如下。

（1）选择段落。

（2）选择“格式 > 列表”命令，弹出其子菜单，如图 2-61 所示，选择“项目列表”或“编号列表”命令。

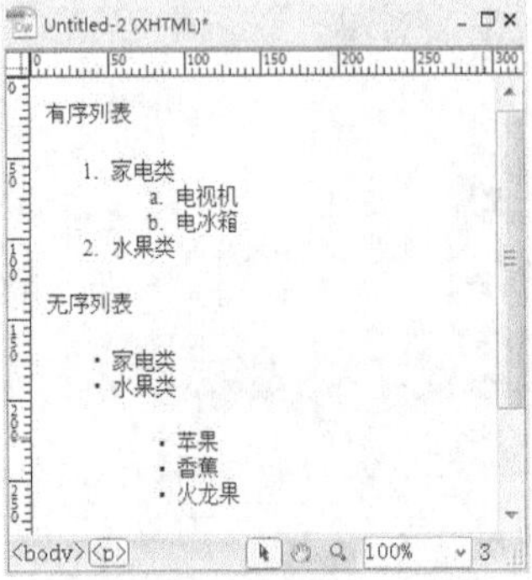

图 2-60

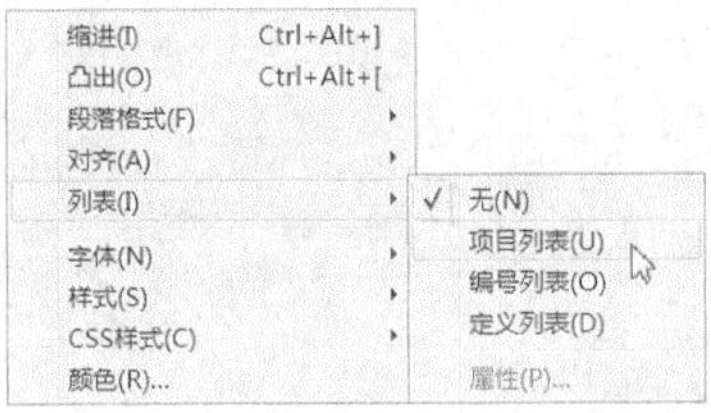

图 2-61

2.2.2 修改项目符号或编号

（1）将插入点放在设置项目符号或编号的文本中。

（2）通过以下几种方法启动“列表属性”对话框。

单击“属性”面板中的“列表项目”按钮 列表项目... 。

选择“格式 > 列表 > 属性”命令。

在对话框中，先选择“列表类型”选项，确认是要修改项目符号还是编号，如图 2-62 所示。然后在“样式”选项中选择相应的列表或编号的样式，如图 2-63 所示。单击“确定”按钮完成设置。

2.2.3 设置文本缩进格式

设置文本缩进格式有以下几种方法。

在“属性”面板中单击“文本缩进”按钮或“文本凸出”按钮，使段落向右移动或向左移动。

选择"格式 > 缩进"或"格式 > 凸出"命令，使段落向右移动或向左移动。

按 Ctrl+Alt+] 快捷键或 Ctrl+Alt+ [快捷键，使段落向右移动或向左移动。

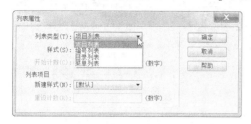

图 2-62

图 2-63

2.2.4 插入日期

（1）在文档窗口中，将插入点放置在想要插入对象的位置。

（2）通过以下几种方法启动"插入日期"对话框，如图 2-64 所示。

选择"插入"面板的"常用"选项卡，单击"日期"工具按钮 。

图 2-64

选择"插入 > 日期"命令。

对话框中包含"星期格式"、"日期格式"、"时间格式"、"储存时自动更新" 4 个选项。前 3 个选项用于设置星期、日期和时间的显示格式，后一个选项表示是否按系统当前时间显示日期时间，若选择此复选框，则显示当前的日期时间，否则仅按创建网页时的设置显示。

（3）选择相应的日期和时间的格式，单击"确定"按钮完成设置。

2.2.5 插入换行符

为段落添加换行符有以下几种方法。

选择"插入"面板的"文本"选项卡，单击"字符"展开式工具按钮 ，选择"换行符"按钮 。

按 Shift+Enter 快捷键。

选择"插入 > HTML > 特殊字符 > 换行符"命令。

在文档中插入换行符的操作步骤如下。

（1）打开一个网页文件，输入一段文字，如图 2-65 所示。

（2）按 Shift+Enter 快捷键，光标换到另一个段落，如图 2-66 所示。按 Shift+Ctrl+Space 快捷键，输入空格，输入文字，如图 2-67 所示。

（3）使用相同的方法，输入换行符和文字，效果如图 2-68 所示。

图 2-65

图 2-66

图 2-67

图 2-68

2.2.6　特殊字符

在网页中插入特殊字符，有以下几种方法。

单击"字符"展开式工具按钮 ![icon]。

选择"插入"面板的"文本"选项卡，单击"字符"展开式工具按钮 ![icon]，弹出 13 个特殊字符按钮，如图 2-69 所示。在其中选择需要的特殊字符的工具按钮，即可插入特殊字符。

"换行符"按钮 ![icon]：用于在文档中强行换行。

"不换行空格"按钮 ![icon]：用于连续空格的输入。

"其他字符"按钮 ![icon]：使用此按钮，可在弹出的"插入其他字符"对话框中单击需要的字符，该字符的代码就会出现在"插入"选项的文本框中，也可以直接在该文本框中输入字符代码，单击"确定"按钮，即可将字符插入到文档中，如图 2-70 所示。

选择"插入 > HTML > 特殊字符"命令，在弹出的子菜单中选择需要的特殊字符，如图 2-71 所示。

图 2-69

图 2-70

图 2-71

2.2.7　课堂案例——电器城网店

【案例学习目标】使用文本命令改变列表的样式。

【案例知识要点】使用"项目列表"按钮创建列表，如图 2-72 所示。

【效果所在位置】光盘/Ch02/效果/电器城网店/index.html

（1）选择"文件 > 打开"命令，在弹出的菜单中选择"Ch02 > 素材 > 电器城网店 > index.html"文件，单击"打开"按钮，效果如图 2-73 所示。

图 2-72　　　　　　　　　　　　　　　　　　　图 2-73

（2）选中如图 2-74 所示的文字，单击"属性"面板中的"编号列表"按钮 ，列表前生成"1"符号，效果如图 2-75 所示。

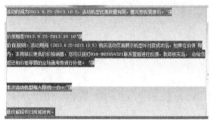

图 2-74　　　　　　　　　　　　　　　　　　　图 2-75

（3）保存文档，按 F12 键预览效果，如图 2-76 所示。

图 2-76

2.3　水平线、网格与标尺

水平线可以将文字、图像、表格等对象在视觉上分割开。一篇内容繁杂的文档，如果合理地放置几条水平线，就会变得层次分明，便于阅读。

虽然 Dreamweaver 提供了所见即所得的编辑器，但是通过视觉来判断网页元素的位置并不准确。要想精确地定位网页元素，就必须依靠 Dreamweaver 提供的定位工具。

2.3.1　水平线

分割线又叫作水平线，可以将文字、图像、表格等对象在视觉上分割开。一篇内容繁杂的文档，如果合理地放置几条水平线，就会变得层次分明，便于阅读。

1．创建水平线

选择"插入"面板的"常用"选项卡，单击"水平线"工具按钮 ■。

选择"插入 > HTML > 水平线"命令。

2．修改水平线

在文档窗口中，选中水平线，选择"窗口 > 属性"命令，弹出"属性"面板，可以根据需要对属性进行修改，如图 2-77 所示。

图 2-77

在"水平线"选项下方的文本框中输入水平线的名称。

在"宽"选项的文本框中输入水平线的宽度值，其设置单位值可以是像素值，也可以是相对页面水平宽度的百分比值。

在"高"选项的文本框中输入水平线的高度值，这里只能是像素值。

在"对齐"选项的下拉列表中，可以选择水平线在水平位置上的对齐方式，可以是"左对齐"、"右对齐"或"居中对齐"，也可以选择"默认"选项使用默认的对齐方式，一般为"居中对齐"。

如果选择"阴影"复选框，水平线则被设置为阴影效果。

2.3.2　显示和隐藏网格

图 2-78

使用网格可以更加方便地定位网页元素，在网页布局时网格也具有至关重要的作用。

1．显示和隐藏网格

选择"查看 > 网格设置 > 显示网格"命令，此时处于显示网格的状态，网格在"设计"视图中可见，如图 2-78 所示。

2．设置网页元素与网格对齐

选择"查看 > 网格设置 > 靠齐到网格"命令，此时，无论网格是否可见，都可以让网页元素自动与网格对齐。

3．修改网格的疏密

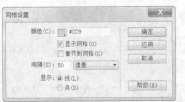

图 2-79

选择"查看 > 网格设置 > 网格设置"命令，弹出"网格设置"对话框，如图 2-79 所示。在"间隔"选项的文本框中输入一个数字，并从下拉列表中选择间隔的单位，单击"确定"按钮关闭对话框，完成网格线间隔的修改。

4. 修改网格线的形状和颜色

选择"查看 > 网格设置 > 网格设置"命令,弹出"网格设置"对话框,在对话框中,先单击"颜色"按钮并从颜色拾取器中选择一种颜色,或者在文本框中输入一个十六进制的数字,然后单击"显示"选项组中的"线"或"点"单选项,如图 2-80 所示,单击"确定"按钮,完成网格线颜色和线型的修改。

图 2-80

2.3.3 标尺

标尺显示在文档窗口的上方和左侧,用以标志网页元素的位置。标尺的单位分为像素、英寸和厘米。

1. 在文档窗口中显示标尺

选择"查看 > 标尺 > 显示"命令,此时标尺处于显示的状态,如图 2-81 所示。

2. 改变标尺的计量单位

选择"查看 > 标尺"命令,在其子菜单中选择需要的计量单位,如图 2-82 所示。

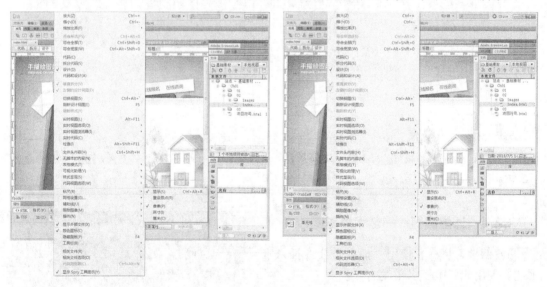

图 2-81   图 2-82

3. 改变坐标原点

用鼠标单击文档窗口左上方的标尺交叉点,鼠标的指针变为"+"形,按住鼠标左键向右下方拖曳鼠标,如图 2-83 所示。在要设置新的坐标原点的地方松开鼠标左键,坐标原点将随之改变,如图 2-84 所示。

4. 重置标尺的坐标原点

选择"查看 > 标尺 > 重设原点"命令,将坐标原点还原成(0,0)点,如图 2-85 所示。

图 2-83

图 2-84

图 2-85

 提示

将坐标原点回复到初始位置,还可以通过用鼠标指针双击文档窗口左上方的标尺交叉点方式完成。

2.3.4 课堂案例——艺术摄影网

【案例学习目标】使用"插入"命令插入水平线。使用代码改变水平线的颜色。

【案例知识要点】使用"水平线"命令在文档中插入水平线。使用"属性"面板改变水平线的高度。使用代码改变水平线的颜色,如图 2-86所示。

图 2-86

【效果所在位置】光盘/Ch02/效果/艺术摄影网/index.html

1. 插入水平线

（1）选择"文件 ＞ 打开"命令，在弹出的对话框中选择光盘"Ch02 ＞ 素材 ＞ 艺术摄影网 ＞index.html"文件，单击"打开"按钮，效果如图 2-87 所示。将光标置入到如图 2-88 所示的单元格中。

图 2-87

图 2-88

（2）选择"插入 ＞ HTML ＞ 水平线"命令，插入水平线，效果如图 2-89 所示。选中水平线，在"属性"面板中，将"高"选项设为 1，取消选择"阴影"复选框，如图 2-90 所示，水平线效果如图 2-91 所示。

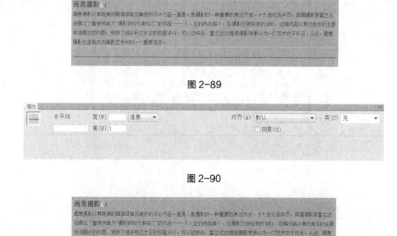

图 2-89

图 2-90

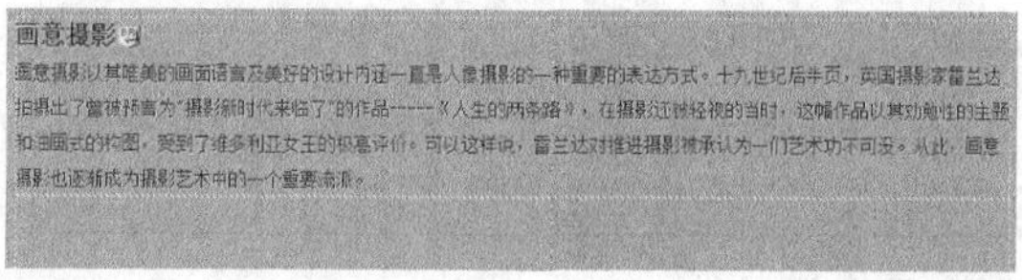

图 2-91

2. 改变水平线的颜色

（1）选中水平线，单击文档窗口左上方的"拆分"按钮 拆分 ，在"拆分"视图窗口中的"noshade"代码后面置入光标，按一次空格键，标签列表中出现了该标签的属性参数，在其中选择属性"color"，如图 2-92 所示。

（2）插入属性后，在弹出的颜色面板中选择需要的颜色，如图 2-93 所示，标签效果如图 2-94 所示。

图 2-92

图 2-93

```
<tr>
    <td height="50"><hr size="1" noshade color="#FFFFFF"></td>
</tr>
```

图 2-94

（3）水平线的颜色不能在 Dreamweaver CS5 界面中确认，保存文档，按 F12 键预览效果，如图 2-95 所示。

图 2-95

2.4　课堂练习——家居装饰网

【练习知识要点】使用"修改"命令设置页面外观、网页标题效果。使用"属性"面板改变文字的大小。使用"编辑字体列表"命令改变文字的字体。使用"颜色"按钮设置文字颜色。使用"项目列表"命令插入项目符号，如图 2-96 所示。

【效果所在路径】光盘/Ch02/效果/家居装饰网/index.html

图 2-96

2.5 课后习题——葡萄酒网

【习题知识要点】使用"修改"命令设置页面外观。使用"属性"面板改变文字的大小。使用"属性"面板改变文字的大小，如图 2-97 所示。

图 2-97

【效果所在位置】光盘/Ch02/效果/葡萄酒网/index.html

3 Chapter

第 3 章
图像和多媒体

图像在网页中的作用是非常重要的，图像、按钮、标记可以使网页更加美观、形象生动，从而使网页中的内容更加丰富多彩。

所谓"媒体"是指信息的载体，包括文字、图形、动画、音频和视频等。在 Dreamweaver CS5 中，用户可以方便快捷地向 Web 站点添加声音和影片媒体，并可以导入和编辑多个媒体文件和对象。

课堂学习目标
- 图像的插入
- 调整图文的混排效果
- 多媒体在网页中的应用

3.1　图像的插入

发布网站的目的就是要让更多的浏览者浏览设计的站点，网站设计者必须想办法去吸引浏览者的注意，所以网页除了包含文字外，还要包含各种赏心悦目的图像。因此，对于网站设计者而言，掌握图像的使用技巧是非常必要的。

3.1.1　网页中的图像格式

Web 页中通常使用的图像文件有 JPEG、GIF、PNG 3 种格式，但大多数浏览器只支持 JPEG、GIF 两种图像格式。因为要保证浏览者下载网页的速度，所以网站设计者也常使用 JPEG 和 GIF 这两种压缩格式的图像。

1．GIF 文件

GIF 文件是在网络中最常见的图像格式，其具有如下特点。

最多可以显示 256 种颜色。因此，它最适合显示色调不连续或具有大面积单一颜色的图像，如导航条、按钮、图标、徽标或其他具有统一色彩和色调的图像。

使用无损压缩方案，图像在压缩后不会有细节的损失。

支持透明的背景，可以创建带有透明区域的图像。

属于交织文件格式，在浏览器完成下载图像之前，浏览者即可看到该图像。

图像格式的通用性好，几乎所有的浏览器都支持此图像格式，并且有许多免费软件支持 GIF 图像文件的编辑。

2．JPEG 文件

JPEG 文件是用于为图像提供一种"有损耗"压缩的图像格式，其具有如下特点。

具有丰富的色彩，最多可以显示 1670 万种颜色。

使用有损压缩方案，图像在压缩后会有细节的损失。

JPEG 格式的图像比 GIF 格式的图像小，下载速度更快。

图像边缘的细节损失严重，所以不适合包含鲜明对比的图像或文本的图像。

3．PNG 文件

PNG 文件是专门为网络而准备的图像格式，其具有如下特点。

使用新型的无损压缩方案，图像在压缩后不会有细节的损失。

具有丰富的色彩，最多可以显示 1670 万种颜色。

图像格式的通用性差，IE 4.0 或更高版本和 Netscape 4.04 或更高版本的浏览器都只能部分支持 PNG 图像的显示。因此，只有在为特定的目标用户进行设计时，才使用 PNG 格式的图像。

3.1.2　插入图像

要在 Dreamweaver CS5 文档中插入的图像必须位于当前站点文件夹内或远程站点文件夹内，否则图像不能正确显示，所以在建立站点时，网站设计者常先创建一个名叫"image"的文件夹，并将需要的图像复制到其中。

在网页中插入图像的具体操作步骤如下。

（1）在文档窗口中，将插入点放置在要插入图像的位置。

（2）通过以下几种方法启用"图像"命令，弹出"选择图像源文件"对话框，如图 3-1 所示。

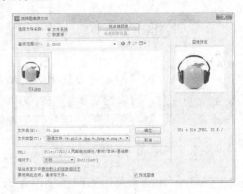

选择"插入"面板"常用"选项卡，单击"图像"展开式工具按钮上的黑色三角形，在下拉菜单中选择"图像"选项。

选择"插入 > 图像"命令。

在对话框中，选择图像文件，单击"确定"按钮完成设置。

3.1.3 设置图像属性

图 3-1

插入图像后，在"属性"面板中显示该图像的属性，如图 3-2 所示。下面介绍各选项的含义。

"宽"和"高"选项：以像素为单位指定图像的宽度和高度。这样做虽然可以缩放图像的显示大小，但不会缩短下载时间，因为浏览器在缩放图像前会下载所有图像数据。

图 3-2

"编辑"按钮：启动 Photoshop 软件，编辑选中的图像。

"编辑图像设置"按钮：弹出"图像预览"对话框，在对话框中对图像进行设置。

"裁剪"按钮：修剪图像的大小。

"重新取样"按钮：对已调整过大小的图像进行重新取样，以提高图片在新的大小和形状下的品质。

"亮度和对比度"按钮：调整图像的亮度和对比度。

"锐化"按钮：调整图像的清晰度。

"地图"和"指针热点工具"选项：用于设置图像的热点链接。

"垂直边距"和"水平边距"选项：指定沿图像边缘添加的边距。

"目标"选项：指定链接页面应该在其中载入的框架或窗口，详细参数可见链接一章。

"原始"选项：为了节省浏览者浏览网页的时间，可通过此选项指定在载入主图像之前可快速载入的低品质图像。

"边框"选项：指定图像边框的宽度，默认无边框。

"对齐"选项：指定同一行上的图像和文本的对齐方式。

3.1.4 给图片添加文字说明

当图片不能在浏览器中正常显示时，网页中图片的位置就变成空白区域，如图 3-3 所示。

为了让浏览者在不能正常图片显示时也能了解

图 3-3

图片的信息，常为网页的图像设置"替换"属性，将图片的说明文字输入"替换"文本框中，如图 3-4 所示。当图片不能正常显示时，网页中的效果如图 3-5 所示。

图 3-4   图 3-5

3.1.5 插入图像占位符

在网页布局时，网站设计者需要先设计图像在网页中的位置，等设计方案通过后，再将这个位置变成具体图像。Dreamweaver CS5 提供的"图像占位符"功能，可满足上述需求。

在网页中插入图像占位符的具体操作步骤如下。

（1）在文档窗口中，将插入点放置在要插入占位符图形的位置。

（2）通过以下几种方法启用"图像占位符"命令，弹出"图像占位符"对话框，如图 3-6 所示。

选择"插入"面板中的"常用"选项卡，单击"图像"展开式工具按钮▣·，选择"图像占位符"选项▣·。

选择"插入 > 图像对象 > 图像占位符"命令。

在"图像占位符"对话框中，按需要设置图像占位符的大小和颜色，并为图像占位符提供文本标签，单击"确定"按钮，完成设置，效果如图 3-7 所示。

   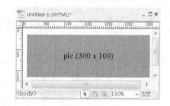

图 3-6   图 3-7

3.1.6 跟踪图像

在工程设计过程中，一般先在图像处理软件中勾画出工程蓝图，然后在此基础上反复修改，最终得到一幅完美的设计图。制作网页时也应采用工程设计的方法，先在图像处理软件中绘制网页的蓝图，将其添加到网页的背景中，按设计方案对号入座，等网页制作完毕后，再将蓝图删除。Dreamweaver CS5 利用"跟踪图像"功能来实现上述网页设计的方式。

设置网页蓝图的具体操作步骤如下。

（1）在图像处理软件中绘制网页的设计蓝图，如图 3-8 所示。

（2）选择"文件 > 新建"命令，新建文档。

（3）选择"修改 > 页面属性"命令，弹出"页面属性"对话框，在"分类"列表中选择"跟踪图像"选项，转换到"跟踪图像"对话框，如图 3-9 所示。单击"浏览"按钮，在弹出的"选择图像源文件"对话框中找到步骤（1）中设计蓝图的保存路径，如图 3-10 所示。

（4）在"页面属性"对话框中调节"透明度"选项的滑块，使图像呈半透明状态，如图 3-11 所示，单击"确定"按钮完成设置。

图 3-8

图 3-9

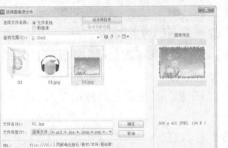

图 3-10

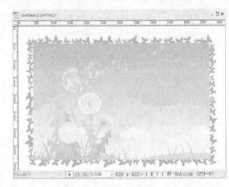

图 3-11

3.1.7　课堂案例——建筑工程网页

【案例学习目标】使用"常用"面板插入图像。

【案例知识要点】使用"图像"按钮插入图像，如图 3-12 所示。

图 3-12

【效果所在位置】光盘/Ch03/效果/建筑工程网页/index.html

（1）选择"文件 > 打开"命令，在弹出的对话框中选择光盘"Ch03 > 素材 > 建筑工程网页 > index.html"文件，单击"打开"按钮，效果如图 3-13 所示。

（2）将光标置入到如图 3-14 所示的单元格中，单击"插入"面板中"常用"选项卡的"图像"按钮 ，在弹出的"选择图像源文件"对话框中选择光盘目录下"Ch03 > 素材 > 建筑工程网页 > images"文件夹中的"img_03.jpg"文件，单击"确定"按钮完成图片的插入，如图 3-15 所示。

图 3-14

图 3-13

图 3-15

（3）将光标置入到如图 3-16 所示的单元格中，将光盘目录下"Ch03 > 素材 > 建筑工程网页 > images"文件夹中的图片"img_04.jpg"插入到该单元格中，效果如图 3-17 所示。

图 3-16

图 3-17

（4）使用相同的方法，将"img_05.jpg"、"img_06.jpg"、"img_07.jpg"、"img_08.jpg"图片插入到其他单元格中，效果如图 3-18 所示。保存文档，按 F12 键预览效果，如图 3-19 所示。

图 3-18

图 3-19

3.2 调整图文的混排效果

网页中既有文字，又有图像，如何调整同一行文字和图像的摆放位置达到良好的视觉效果，这就涉及图像与文字的相对位置问题。

3.2.1 调整图像与文本的相对位置

调整同一行图像与文字相对位置的具体操作步骤如下。

（1）在设计视图中选择图像。

（2）在图像"属性"面板中展开"对齐"选项的下拉列表，选择一种调整图像与文字相对位置的方式。"对齐"选项中提供了9种图像与文字的对齐方式，如图3-20所示。

各种对齐方式的含义如下。

"默认值"选项：通常指定基线对齐，但因为站点访问者的浏览器不同，默认值也会有所不同。

图 3-20

"基线"选项和"底部"选项：将文本（或同一段落中的其他元素）的基线与选定对象的底部对齐。

"顶端"选项：将当前行中最高文本的顶端与图像的顶端对齐。

"居中"选项：将当前行的基线与图像的中部对齐。

"文本上方"选项：将文本行中最高字符的顶端与图像的顶端对齐。

"绝对居中"选项：将当前行中文本的中部与图像的中部对齐。

"绝对底部"选项：将文本行字母的底部与图像的底部对齐。

"左对齐"选项：将所选择的图像放置在左边，文本在图像的右侧换行。如果左对齐文本在行上处于对象之前，它通常强制左对齐对象换到一个新行。

"右对齐"选项：将所选择的图像放置在右边，文本在图像的左侧换行。如果右对齐文本在行上处于对象之前，它通常强制右对齐对象换到一个新行。

3.2.2 课堂案例——野生动物园网页

【案例学习目标】使用"插入"面板中的常用选项卡插入图像。使用"属性"面板编辑图像。

【案例知识要点】使用"图像"按钮插入图像。使用"属性"面板改变图像的对齐、水平边距，如图3-21所示。

图 3-21

【效果所在位置】光盘/Ch03/效果/野生动物园网页/index.html

（1）选择"文件 > 打开"命令，在弹出的对话框中选择光盘"Ch03 > 素材 > 野生动物园网页 > index.html"文件，单击"打开"按钮，效果如图 3-22 所示。

（2）将光标置入到文字"大熊猫"的前面，如图 3-23 所示。

图 3-22   图 3-23

（3）单击"插入"面板"常用"选项卡中的"图像"按钮 ，在弹出的"选择图像源文件"对话框中选择光盘目录下"Ch03 > 素材 > 野生动物园网页 > images"文件夹中的"01.jpg"，如图 3-24 所示，单击"确定"按钮，完成图片的插入，效果如图 3-25 所示。

图 3-24   图 3-25

（4）保持图像的选取状态，在"属性"面板"对齐"列表中选择"左对齐"选项，如图 3-26 所示，图像排列到说明文字的左侧，效果如图 3-27 所示。

图 3-26   图 3-27

（5）将光标置入到文字"火烈鸟"的前面，如图 3-28 所示。单击"插入"面板的"常用"选项卡中的"图像"按钮 ，在弹出的"选择图像源文件"对话框中选择光盘"Ch03 > 素材 > 野生动物园网页 > images"文件夹中的"02.jpg"，单击"确定"按钮，完成图片的插入，效果如图 3-29 所示。

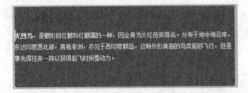
图 3-28

图 3-29

（6）保持图像的选取状态，在"属性"面板"对齐"列表中选择"左对齐"选项，如图 3-30 所示，图像排列到说明文字的左侧，效果如图 3-31 所示。

图 3-30

图 3-31

（7）选中图像"01.jpg"，在"属性"面板中，将"水平边距"选项均设为 10，如图 3-32 所示，图像效果如图 3-33 所示。

图 3-32

图 3-33

（8）选中图像"02.jpg"，在"属性"面板中，将"水平边距"选项均设为 10，效果如图 3-34 所示。保存文档，按 F12 键预览效果，如图 3-35 所示。

图 3-34

图 3-35

3.3 多媒体在网页中的应用

在网页中除了使用文本和图像元素表达信息外，用户还可以向其中插入 Flash 动画、Java

Applet 小程序、ActiveX 控件等多媒体，以丰富网页的内容。虽然这些多媒体对象能够使网页更加丰富多彩，吸引更多的浏览者，但是有时必须以牺牲浏览速度和兼容性为代价。所以，一般网站为了保证浏览者的浏览速度，不会大量运用多媒体元素。

3.3.1　插入 Flash 动画

Dreamweaver CS5 提供了使用 Flash 对象的功能，虽然 Flash 中使用的文件类型有 Flash 源文件(.fla)、Flash SWF 文件(.swf)、Flash 模板文件(.swt)，但 Dreamweaver CS5 只支持 Flash SWF(.swf)文件，因为它是 Flash (.fla)文件的压缩版本，已进行了优化，便于在 Web 上查看。

在网页中插入 Flash 动画的具体操作步骤如下。

（1）在文档窗口的"设计"视图中，将插入点放置在想要插入影片的位置。

（2）通过以下几种方法启用"Flash"命令。

在"插入"面板"常用"选项卡中，单击"媒体"展开式工具按钮，选择"SWF"选项。

选择"插入 > 媒体 > SWF"命令。

弹出"选择 SWF"对话框，选择一个后缀为".swf"的文件，如图 3-36 所示，单击"确定"按钮完成设置。此时，Flash 占位符出现在文档窗口中，如图 3-37 所示。

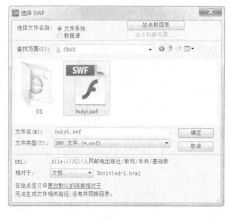

图 3-36

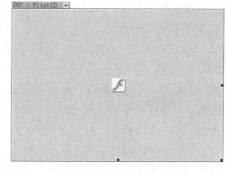

图 3-37

（3）选中文档窗口中的 Flash 对象，在"属性"面板中单击"播放"按钮，测试效果。

当网页中包含两个以上 Flash 动画时，要预览所有的 Flash 内容，可以按 Ctrl+Alt+Shift+P 快捷键。

3.3.2　插入 FLV

在网页中可以轻松添加 FLV 视频，而无需使用 Flash 创作工具。但在操作之前必须有一个经过编码的 FLV 文件。使用 Dreamweaver 插入一个显示 FLV 文件的 SWF 组件，当在浏览器中查看时，此组件显示所选的 FLV 文件以及一组播放控件。

Dreamweaver 提供了以下选项，用于将 FLV 视频传送给站点访问者。

"累进式下载视频"选项：将 FLV 文件下载到站点访问者的硬盘上，然后进行播放。但是，与传统的"下载并播放"视频传送方法不同，累进式下载允许在下载完成之前就开始播放视频文件。

"流视频"选项：对视频内容进行流式处理，并在一段可确保流畅播放的很短的缓冲时间后在网页上播放该内容。若要在网页上启用流视频，必须具有访问 Adobe® Flash® Media Server 的权限，必须有一个经过编码的 FLV 文件，然后才能在 Dreamweaver 中使用它。可以插入使用以下两种编解码器（压缩/解压缩技术）创建的视频文件：Sorenson Squeeze 和 On2。

与常规 SWF 文件一样，在插入 FLV 文件时，Dreamweaver 将插入检测用户是否拥有可查看视频的正确 Flash Player 版本的代码。如果用户没有正确的版本，则页面将显示替代内容，提示用户下载最新版本的 Flash Player。

 提示

若要查看 FLV 文件，用户的计算机上必须安装 Flash Player 8 或更高版本。如果用户没有安装所需的 Flash Player 版本，但安装了 Flash Player 6.0 r65 或更高版本，则浏览器将显示 Flash Player 快速安装程序，而非替代内容。如果用户拒绝快速安装，则页面会显示替代内容。

插入 FLV 对象的具体操作步骤如下。

（1）在文档窗口的"设计"视图中，将插入点放置在想要插入 FLV 的位置。

（2）通过以下几种方法启用"FLV"命令，弹出"插入 FLV"对话框，如图 3-38 所示。

在"插入 > 常用"面板中，单击"媒体"展开式工具按钮，选择"FLV"选项。

选择"插入 > 媒体 > FLV"命令。

设置累进式下载视频的选项作用如下。

"URL"选项：指定 FLV 文件的相对路径或绝对路径。若要指定相对路径（例如，mypath/myvideo.flv），

图 3-38

则单击"浏览"按钮，导航到 FLV 文件并将其选定。若要指定绝对路径，则输入 FLV 文件的 URL（例如，http://www.example.com/myvideo.flv）。

"外观"选项：指定视频组件的外观。所选外观的预览会显示在"外观"弹出菜单的下方。

"宽度"选项：以像素为单位指定 FLV 文件的宽度。若要让 Dreamweaver 确定 FLV 文件的准确宽度，则单击"检测大小"按钮。如果 Dreamweaver 无法确定宽度，则必须输入宽度值。

"高度"选项：以像素为单位指定 FLV 文件的高度。若要让 Dreamweaver 确定 FLV 文件的准确高度，则单击"检测大小"按钮。如果 Dreamweaver 无法确定高度，则必须输入高度值。

 提示

"包括外观"是 FLV 文件的宽度和高度与所选外观的宽度和高度相加得出的和。

"限制高宽比"复选框：保持视频组件的宽度和高度之间的比例不变。默认情况下会选择此选项。

"自动播放"复选框：指定在页面打开时是否播放视频。

"自动重新播放"复选框：指定播放控件在视频播放完之后是否返回起始位置。

设置流视频选项的作用如下。

"服务器 URI"选项：以 rtmp://www.example.com/app_name/instance_name 的形式指定服务器名称、应用程序名称和实例名称。

"流名称"选项：指定想要播放的 FLV 文件的名称（如 myvideo.flv）。扩展名.flv 是可选的。

"实时视频输入"复选框：指定视频内容是否是实时的。如果选择了"实时视频输入"，则 Flash Player 将播放从 Flash® Media Server 流入的实时视频流。实时视频输入的名称是在"流名称"文本框中指定的名称。

提示

如果选择了"实时视频输入"，组件的外观上只会显示音量控件，因为用户无法操纵实时视频。此外，"自动播放"和"自动重新播放"选项也不起作用。

"缓冲时间"选项：指定在视频开始播放之前进行缓冲处理所需的时间（以秒为单位）。默认的缓冲时间设置为 0，这样在单击了"播放"按钮后视频会立即开始播放。（如果选择"自动播放"，则在建立与服务器的连接后视频立即开始播放）如果要发送的视频的比特率高于站点访问者的连接速度，或者 Internet 通信可能会导致带宽或连接问题，则可能需要设置缓冲时间。例如，如果要在网页播放视频之前将 15s 的视频发送到网页，请将缓冲时间设置为 15。

（3）在对话框中根据需要进行设置。单击"应用"或"确定"按钮，将 FLV 插入到文档窗口中，此时，FLV 占位符出现在文档窗口中，如图 3-39 所示。

图 3-39

3.3.3　插入 Shockwave 影片

Shockwave 是 Web 上用于交互式多媒体的 Macromedia 标准，是一种经过压缩的格式，使得在 Macromedia Director 中创建的多媒体文件能够被快速下载，而且可以在大多数常用浏览器中进行播放。

在网页中插入 Shockwave 影片的具体操作步骤如下。

（1）在文档窗口的"设计"视图中，将插入点放置在想要插入 Shockwave 影片的位置。

（2）通过以下几种方法启用"Shockwave"命令。

在"插入"面板"常用"选项卡中，单击"媒体"展开式工具按钮，选择"Shockwave"选项。

选择"插入 > 媒体 > Shockwave"命令。

弹出"选择文件"对话框，选择一个影片文件，如图 3-40 所示，单击"确定"按钮完成设置。此时，Shockwave 影片的占位符出现在文档窗口中，选择文档窗口中的 Shockwave 影片占位符，在"属性"面板中，修改"宽"和"高"选项的值从而设置影片的宽度和高度，单击"播放"按钮，测试效果如图 3-41 所示。

图 3-40

图 3-41

3.3.4 影片插入 Applet 程序

Applet 是用 Java 编程语言开发的、可嵌入 Web 页中的小型应用程序。Dreamweaver CS5 提供了将 Java Applet 插入 HTML 文档中的功能。

在网页中插入 Java Applet 程序的具体操作步骤如下。

（1）在文档窗口的"设计"视图中，将插入点放置在想要插入 Applet 程序的位置。

（2）通过以下几种方法启用"Applet"命令。

在"插入"面板"常用"选项卡中，单击"媒体"展开式工具按钮 ，选择"APPLET"选项 。

选择"插入 ＞ 媒体 ＞Applet"命令。

弹出"选择文件"对话框，选择一个 Java Applet 程序文件，单击"确定"按钮完成设置。

3.3.5 插入 ActiveX 控件

ActiveX 控件也称 OLE 控件，它是可以充当浏览器插件的可重复使用的组件，像微型的应用程序。ActiveX 控件只在 Windows 系统上的 Internet Explorer 中运行。Dreamweaver CS5 中的 ActiveX 对象可为浏览者浏览器中的 ActiveX 控件提供属性和参数。

在网页中插入 ActiveX 控件的具体操作步骤如下。

（1）在文档窗口的"设计"视图中，将插入点放置在想要插入 ActiveX 控件的位置。

（2）通过以下几种方法启用"ActiveX"命令，插入 ActiveX 控件。

在"插入"面板"常用"选项卡中，单击"媒体"展开式工具按钮 ，选择"ActiveX"选项 。

选择"插入 ＞ 媒体 ＞ActiveX"命令。

（3）选中文档窗口中的 ActiveX 控件，在"属性"面板中，单击"播放"按钮 ▷　播放　测试效果。

3.3.6 课堂案例——五谷杂粮网页

【案例学习目标】使用"插入"面板的常用选项卡插入 Flash 动画，使网页变得生动有趣。

【案例知识要点】使用"SWF"按钮为网页文档插入 Flash 动画效果。使用"播放"按钮在文档窗口中预览效果，如图 3-42 所示。

【效果所在位置】光盘/Ch03/效果/五谷杂粮网页/index.html

图 3-42

（1）选择"文件 > 打开"命令，在弹出的对话框中选择光盘"Ch03 > 素材 > 五谷杂粮网页 > index.html"文件，单击"打开"按钮，效果如图 3-43 所示。

（2）将光标置入到如图 3-44 所示的单元格中，在"插入"面板"常用"选项卡中单击"SWF"按钮 📷 ，在弹出"选择 SWF"对话框中选择光盘"Ch03 > 素材 > 五谷杂粮网页 > images"文件夹中的"dh.swf"文件，如图 3-45 所示，单击"确定"按钮完成 Flash 影片的插入，效果如图 3-46 所示。

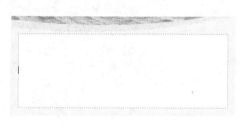

图 3-43   图 3-44

图 3-45   图 3-46

（3）选中插入的动画，单击"属性"面板中的"播放"按钮 ▶ 播放 ，在文档窗口中预览效果，如图 3-47 所示。停止放映动画，单击"属性"面板中的"停止"按钮 ■ 停止 ，可以停止放映。保存文档，按 F12 键预览效果，如图 3-48 所示。

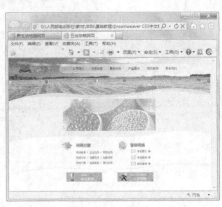

图 3-47   图 3-48

3.4 课堂练习——数码冲印网页

【练习知识要点】使用"图像"按钮插入图像。使用"属性"面板设置图像边距效果，如图 3-49 所示。

【效果所在位置】光盘/Ch03/效果/数码冲印网页/index.html

图 3-49

3.5 课后习题——酒店订购网页

【习题知识要点】使用"SWF"按钮为网页文档插入 Flash 动画效果。使用"播放"按钮在文档窗口中预览效果。使用"图像"按钮插入图像。使用"属性"面板设置图像边距效果，如图 3-50 所示。

【效果所在位置】光盘/Ch03/效果/酒店订购网页/index.html

图 3-50

4 Chapter

第 4 章
超链接

　　网络中的每个网页都是通过超链接的形式关联在一起的，超链接是网页中最重要、最根本的元素之一。浏览者可以通过鼠标单击网页中的某个元素，轻松的实现网页之间的转换或下载文件、收发邮件等。要实现超链接，还要了解链接路径的知识。下面对超链接进行具体的讲解。

课堂学习目标

- 超链接的概念与路径知识
- 文本超链接
- 图像超链接
- 命名锚记和热点链接

4.1　超链接的概念与路径知识

　　超链接的主要作用是将物理上无序的内容组成一个有机的统一体。超链接对象上存放某个网页文件的地址，以便用户打开相应的网页文件。在浏览网页时，当用户将鼠标指针移到文字或图像上时，鼠标指针会改变形状或颜色，这就是在提示浏览者：此对象为链接对象。用户只需单击这些链接对象，就可完成打开链接的网页、下载文件、打开邮件工具及收发邮件等操作。

4.2　文本超链接

　　文本链接是以文本为链接对象的一种常用的链接方式。作为链接对象的文本带有标志性，它标志链接网页的主要内容或主题。

4.2.1　创建文本链接

　　创建文本链接的方法非常简单，主要是在链接文本的"属性"面板中指定链接文件。指定链接文件的方法有 3 种。

1. 直接输入要链接文件的路径和文件名

　　在文档窗口中选中作为链接对象的文本，选择 "窗口 > 属性"命令，弹出"属性"面板。在"链接"选项的文本框中直接输入要链接文件的路径和文件名，如图 4-1 所示。

图 4-1

提示

要链接到本地站点中的一个文件，直接输入文档相对路径或站点根目录相对路径；要链接到本地站点以外的文件，直接输入绝对路径。

2. 使用"浏览文件"按钮

　　在文档窗口中选中作为链接对象的文本，在"属性"面板中单击"链接"选项右侧的"浏览文件"按钮，弹出"选择文件"对话框。选择要链接的文件，在"相对于"选项的下拉列表中选择"文档"选项，如图 4-2 所示，单击"确定"按钮。

图 4-2

提示

在"相对于"选项的下拉列表中有两个选项。选择"文档"选项，表示使用文档相对路径来链接；选择"站点根目录"选项，表示使用站点根目录相对路径来链接。在"URL"选项的文本框中，可以直接输入网页的绝对路径。

 技巧

一般要链接本地站点中的一个文件时，最好不要使用绝对路径，因为如果移动文件，文件内所有的绝对路径都将被打断，会造成链接错误。

3. 使用指向文件图标

使用"指向文件"图标，可以快捷地指定站点窗口内的链接文件，或指定另一个打开文件中命名锚点的链接。

在文档窗口中选中作为链接对象的文本，在"属性"面板中，拖曳"指向文件"图标指向右侧站点窗口内的文件，如图 4-3 所示。松开鼠标左键，"链接"选项被更新并显示出所建立的链接。

图 4-3

当完成链接文件后，"属性"面板中的"目标"选项变为可用，其下拉列表中各选项的作用如下。

"_blank"选项：将链接文件加载到未命名的新浏览器窗口中。

"_parent"选项：将链接文件加载到包含该链接的父框架集或窗口中。如果包含链接的框架不是嵌套的，则链接文件加载到整个浏览器窗口中。

"_self"选项：将链接文件加载到链接所在的同一框架或窗口中。此目标是默认的，因此通常不需要指定它。

"_top"选项：将链接文件加载到整个浏览器窗口中，并由此删除所有框架。

4.2.2　文本链接的状态

一个未被访问过的链接文字与一个被访问过的链接文字在形式上是有所区别的，以提示浏览者链接文字所指示的网页是否被看过。下面讲解设置文本链接状态，具体操作步骤如下。

（1）选择"修改 > 页面属性"命令，弹出"页面属性"对话框，如图 4-4 所示。当在"编辑 > 首先参数"对话框中选择"使用 CSS 而不是 HTML 标签"复选框时，"页面属性"所提供的界面将会发生改变，如图 4-5 所示。

（2）在对话框中设置文本的链接状态。选择"分类"列表中的"链接"选项，单击"链接颜色"选项右侧的图标，打开调色板，选择一种颜色来设置链接文字的颜色。

图 4-4

单击"已访问链接"选项右侧的图标，打开调色板，选择一种颜色来设置访问过的链接文字的颜色。

单击"活动链接"选项右侧的图标，打开调色板，选择一种颜色来设置活动的链接文字的颜色。

在"下划线样式"选项的下拉列表中设置链接文字是否加下划线，如图 4-6 所示。

图 4-5　　　　　　　　　　　　　　　　　图 4-6

4.2.3　下载文件链接

浏览网站的目的往往是查找并下载资料，下载文件可利用下载文件链接来实现。建立下载文件链接的步骤如同创建文字链接，区别在于所链接的文件不是网页文件而是其他文件，如.exe、.zip.rar 等文件。

建立下载文件链接的具体操作步骤如下。

（1）在文档窗口中选择需添加下载文件链接的网页对象。

（2）在"链接"选项的文本框中指定链接文件。

（3）按 F12 键预览网页。

4.2.4　电子邮件链接

网页只能作为单向传播的工具将网站的信息传给浏览者，但网站建立者需要接收使用者的反馈信息，一种有效的方式是让浏览者给网站发送 E-mail。在网页制作中使用电子邮件超链接就可以实现。

每当浏览者单击包含电子邮件超链接的网页对象时，就会打开邮件处理工具（如微软的 Outlook Express），并且自动将收信人地址设为网站建设者的邮箱地址，方便浏览者给网站发送反馈信息。

1．利用"属性"面板建立电子邮件超链接

（1）在文档窗口中选择对象，一般是文字，如"请联系我们"。

（2）在"链接"选项的文本框中输入"mailto：地址"。例如，网站管理者的 E-mail 地址是 xuepeng8962@126.com，则在"链接"选项的文本框中输入"mailto: xuepeng8962@126.com"，如图 4-7 所示。

图 4-7

2．利用"电子邮件链接"对话框建立电子邮件超链接

（1）在文档窗口中选择需要添加电子邮件链接的网页对象。

（2）通过以下几种方法打开"电子邮件链接"对话框。

选择"插入 > 电子邮件链接"命令 。

单击"插入"面板"常用"选项卡中的"电子邮件链接"工具 。

在"文本"选项的文本框中输入要在网页中显示的链接文字，并在"E-Mail"选项的文本框中输入完整的邮箱地址，如图 4-8 所示。

图 4-8

（3）单击"确定"按钮，完成电子邮件链接的创建。

4.2.5　课堂案例——实木地板网页

【案例学习目标】使用"插入"面板的常用选项卡制作电子邮件链接效果。使用"属性"面板为文字制作下载文件链接效果。

【案例知识要点】使用"电子邮件链接"命令制作电子邮件链接效果。使用"浏览文件"链接按钮为文字制作下载文件链接效果，如图 4-9 所示。

【效果所在位置】光盘/Ch04/效果/实木地板网页/index.html

1．制作电子邮件超链接

（1）选择"文件 > 打开"命令，在弹出的对话框中选择光盘"Ch04 > 素材 > 实木地板网页 > index.html"文件，单击"打开"按钮，效果如图 4-10 所示。

图 4-9

（2）选中文字"G 联系我们"，如图 4-11 所示。在"插入"面板"常用"选项卡中单击

"电子邮件链接"按钮，在弹出的对话框中进行设置，如图 4-12 所示，单击"确定"按钮，文字的下方出现下划线，如图 4-13 所示。

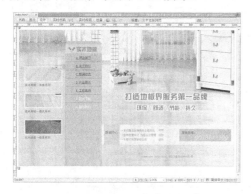

图 4-10

图 4-11

图 4-12

图 4-13

（3）选择"修改 > 页面属性"命令，弹出"页面属性"对话框，在左侧的"分类"列表中选择"链接"选项，将"链接颜色"选项设为白色，"交换图像链接"选项设为黄绿色（#d8ff00），"已访问链接"选项设为白色，"活动链接"选项设为褐色（#a6571c），在"下划线样式"选项的下拉列表中选择"始终无下划线"，如图 4-14 所示，单击"确定"按钮，文字效果如图 4-15 所示。

图 4-14

图 4-15

2. 制作下载文件链接

（1）选中文字"F 图片下载"，如图 4-16 所示。在"属性"面板中单击"链接"选项右侧的"浏览文件"按钮，弹出"选择文件"对话框，在光盘"Ch04 > 素材 > 实木地板网页 > images"文件夹中选择文件"tupain.zip"，如图 4-17 所示，单击"确定"按钮，将"tupain.zip"文件链接到文本框中，在"目标"选项的下拉列表中选择"_blank"，如图 4-18 所示。

图 4-16

图 4-17

图 4-18

（2）保存文档，按 F12 键预览效果，如图 4-19 所示。单击插入的 E-mail 链接"G 联系我们"，效果如图 4-20 所示。

（3）单击"F 图片下载"，如图 4-21 所示，将弹出窗口，在窗口中可以根据提示进行操作，如图 4-22 所示。

图 4-19

图 4-20

图 4-21

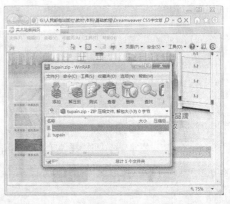

图 4-22

4.3　图像超链接

所谓图像超链接就是以图像作为链接对象。当用户单击该图像时打开链接网页或文档。

4.3.1　图像超链接

建立图像超链接的操作步骤如下。

（1）在文档窗口中选择图像。

（2）在"属性"面板中，单击"链接"选项右侧的"浏览文件"按钮，为图像添加文档相对路径的链接。

（3）在"替代"选项中可输入替代文字。设置替代文字后，当图片不能下载时，会在图片的位置上显示替代文字；当浏览者将鼠标指针指向图像时也会显示替代文字。

（4）按 F12 键预览网页的效果。

提示

图像链接不像文本超级链接那样，会发生许多提示性的变化，只有当鼠标指针经过图像时指针才呈现手形。

4.3.2　鼠标经过图像链接

"鼠标经过图像"是一种常用的互动技术，当鼠标指针经过图像时，图像会随之发生变化。一般，"鼠标经过图像"效果由两张大小相等的图像组成，一张称为主图像，另一张称为次图像。主图像是首次载入网页时显示的图像，次图像是当鼠标指针经过时更换的另一张图像。"鼠标经过图像"经常应用于网页中的按钮上。

建立"鼠标经过图像"的具体操作步骤如下。

（1）在文档窗口中将光标放置在需要添加图像的位置。

（2）通过以下几种方法打开"插入鼠标经过图像"对话框，如图 4-23 所示。

选择"插入 > 图像对象 > 鼠标经过图像"命令。

图 4-23

在"插入"面板"常用"选项卡中，单击"图像"展开式工具按钮，选择"鼠标经过图像"选项。

"插入鼠标经过图像"对话框中各选项的作用如下。

"图像名称"选项：设置鼠标指针经过图像对象时的名称。

"原始图像"选项：设置载入网页时显示的图像文件的路径。

"鼠标经过图像"选项：设置在鼠标指针滑过原始图像时显示的图像文件的路径。

"预载鼠标经过图像"选项：若希望图像预先载入浏览器的缓存中，以便用户将鼠标指针滑过图像时不发生延迟，则选择此复选框。

"替换文本"选项：设置替换文本的内容。设置后，在浏览器中当图片不能下载时，会在图片位置上显示替代文字；当浏览者将鼠标指针指向图像时会显示替代文字。

"按下时，前往的 URL"选项：设置跳转网页文件的路径，当浏览者单击图像时打开此网页。

（3）在对话框中按照需要设置选项，然后单击"确定"按钮完成设置。按 F12 键预览网页。

4.4　命名锚记和热点链接

锚点也叫书签，顾名思义，就是在网页中作标记。每当要在网页中查找特定主题的内容时，只需快速定位到相应的标记（锚点）处即可，这就是锚点链接。因此，建立锚点链接要分两步实现。首先要在网页的不同主题内容处定义不同的锚点，然后在网页的开始处建立主题导航，并为不同主题导航建立定位到相应主题处的锚点链接。

4.4.1　命名锚记链接

若网页的内容很长，为了寻找一个主题，浏览者往往需要拖曳滚动条进行查看，非常不方便。Dreamweaver CS5 提供的锚点链接功能可快速定位到网页的不同位置。

前面介绍的图片链接是指一张图只能对应一个链接，但有时需要在图上创建多个链接去打开不同的网页，Dreamweaver CS5 为网站设计者提供的热区链接功能，就能解决这个问题。

1．创建锚点

（1）打开要加入锚点的网页。

（2）将光标移到某一个主题内容处。

（3）通过以下几种方法打开"命名锚记"对话框，如图 4-24 所示。

按 Ctrl＋Alt＋A 快捷键。

选择"插入 > 命名锚记"命令。

单击"插入"面板"常用"选项卡中的"命名锚记"按钮 。

在"锚记名称"选项中输入锚记名称，如"ftp"，然后单击"确定"按钮建立锚点标记。

（4）根据需要重复步骤（1）～步骤（3），在不同的主题内容处建立不同的锚点标记，如图 4-25 所示。

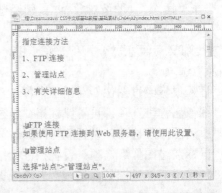

图 4-24　　　　　　　　　　　　　　　　　　　图 4-25

提示

选择"查看 > 可视化助理 > 不可见元素"命令,在文档窗口可显示出锚点标记。

2. 建立锚点链接

(1)在网页的开始处,选择链接对象,如某主题文字。

(2)通过以下几种方法建立锚点链接。

在"属性"面板的"链接"选项中直接输入"#锚点名",如"#ftp"。

在"属性"面板中,用鼠标拖曳"链接"选项右侧的"指向文件"图标,指向需要链接的锚点,如"ftp"锚点,如图 4-26 所示。

在"文档"窗口中,选中链接对象,按住 Shift 键的同时将鼠标从链接对象拖向锚记。

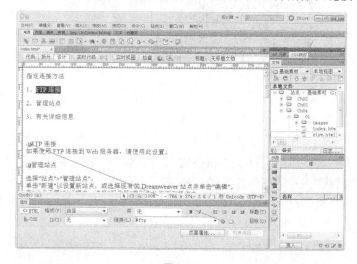

图 4-26

(3)根据需要重复步骤(1)、步骤(2),在网页开始处为不同的主题建立相应的锚点链接。

4.4.2 创建热点链接

创建热区链接的具体操作步骤如下。

(1)选取一张图片,在"属性"面板的"地图"选项下方选择热区创建工具,如图 4-27 所示。

图 4-27

各工具的作用如下。

"指针热点工具" :用于选择不同的热区。

"矩形热点工具" :用于创建矩形热区。

"圆形热点工具" ⬭：用于创建圆形热区。

"多边形热点工具" ⬭：用于创建多边形热区。

（2）利用"矩形热点工具"、"圆形热点工具"、"多边形热点工具"、"指针热点工具"在图片上建立或选择相应形状的热区。

将鼠标指针放在图片上，当鼠标指针变为"+"时，在图片上拖曳出相应形状的蓝色热区。如果图片上有多个热区，可通过"指针热点工具" ⬭，选择不同的热区，并通过热区的控制点调整热区的大小。例如，利用"矩形热点工具" ⬭，在图 4-28 上建立多个矩形链接热区。

图 4-28

（3）此时，对应的"属性"面板如图 4-29 所示。在"链接"选项的文本框中输入要链接的网页地址，在"替换"选项的文本框中输入当鼠标指针指向热区时所显示的替换文字。通过热区，用户可以在图片的任何地方做一个链接。反复操作，就可以在一张图片上划分很多热区，并为每一个热区设置一个链接，从而实现在一张图片上单击鼠标左键链接到不同页面的效果。

图 4-29

（4）按 F12 键预览网页的效果，如图 4-30 所示。

图 4-30

4.4.3　课堂案例——金融投资网页

【案例学习目标】使用"锚记"链接制作从文档底部移动到顶部的效果。

【案例知识要点】使用"命名锚记"按钮插入锚点，制作文档底部移动到顶部的效果，如图 4-31 所示。

【效果所在位置】光盘/Ch04/效果/金融投资网页/index.html

1. 制作底部跳转到顶部链接

（1）选择"文件 > 打开"命令，在弹出的对话框中选择光盘"Ch04 > 素材 > 金融投资网页 > index.html"文件，单击"打开"按钮，如图 4-32 所示。

图 4-31

（2）将光标置入到文档底部的 DIV 容器中，如图 4-33 所示。在"插入"面板"常用"选项卡中单击"图像"按钮，在弹出的"选择图像源文件"对话框中选择光盘"Ch04 > 素材 > 金融投资网页 > images"文件夹中的"top.jpg"，单击"确定"按钮完成图片的插入，效果如图 4-34 所示。

图 4-32

图 4-33

图 4-34

（3）将光标置入到文档顶部的 DIV 容器中，如图 4-35 所示。在"插入"面板"常用"选项卡中单击"命名锚记"按钮，弹出"命名锚记"对话框，在对话框中进行设置，如图 4-36 所示，单击"确定"按钮，在光标所在的位置上插入了一个锚记，如图 4-37 所示。

图 4-35

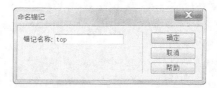

图 4-36

图 4-37

（4）选中文档窗口底部的图片，如图 4-38 所示。在"属性"面板"链接"选项的对话框中输入"#top"，将"边框"选项设为 0，如图 4-39 所示。

图 4-38　　　　　　　　　　　　　　　　　　图 4-39

（5）保存文档，按 F12 键预览效果，单击底部图像，如图 4-40 所示，网页文档的底部瞬间移动到插入锚记的顶部，如图 4-41 所示。

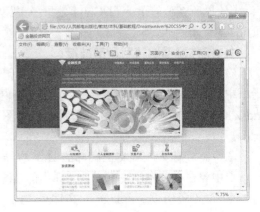

图 4-40　　　　　　　　　　　　　　　　　　图 4-41

2. 使用锚记跳转其他网页的指定位置

（1）选择"文件 > 打开"命令，在弹出的对话框中选择光盘"Ch04 > 素材 > 金融投资网页 > rxcp.html"文件，单击"打开"按钮，如图 4-42 所示。

（2）在要插入锚记的部分置入光标，如图 4-43 所示，在"插入"面板"常用"选项卡中单击"命名锚记"按钮，弹出"命名锚记"对话框，在对话框中进行设置，如图 4-44 所示，单击"确定"按钮，在光标所在的位置上插入了一个锚记，如图 4-45 所示。

（3）选择"文件 > 保存"命令，将文档保存。选择"文件 > 打开"命令，在弹出的

图 4-42

对话框中选择光盘"Ch04 > 素材 > 金融投资网页 > index.html"文件，单击"打开"按钮，如图 4-46 所示。

图 4-43　　　　　　　　　　图 4-44　　　　　　　　　　图 4-45

（4）选中文档底部的图片，如图 4-47 所示。在"属性"面板"链接"选项的对话框中输入 "rxcp.html#top2"，如图 4-48 所示。

图 4-46

图 4-47

图 4-48

（5）保存文档，按 F12 键预览效果，单击网页底部的图像，如图 4-49 所示，显示网页文档 rxcp.html 并移动到插入锚记的部分，如图 4-50 所示。

图 4-49

图 4-50

4.5 课堂练习——世界景观网页

【练习知识要点】使用"矩形热点工具"制作指定的链接网页文档，如图 4-51 所示。
【效果所在位置】光盘/Ch04/效果/世界景观网页/index.html

4.6 课后习题——温泉度假网页

【习题知识要点】使用"插入"面板"常用"选项卡中的鼠标经过图像按钮为网页添加

导航条效果，如图 4-52 所示。

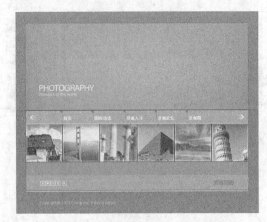

图 4-51

图 4-52

【效果所在位置】光盘/Ch04/效果/温泉度假网页/index.html

5 Chapter

第 5 章
使用表格

表格是网页设计中一个非常有用的工具，它不仅可以将相关数据有序地排列在一起，还可以精确地定位文字、图像等网页元素在页面中的位置，使得页面在形式上丰富多彩又条理清楚，在组织上井然有序而不显单调。使用表格进行页面布局的最大好处是，即使浏览者改变计算机的分辨率也不会影响网页的浏览效果。因此，表格是网站设计人员必须掌握的工具。表格运用得是否熟练，是划分专业制作人士和业余爱好者的一个重要标准。

课堂学习目标
- 掌握表格的简单操作
- 掌握网页中数据表格的导入和导出
- 了解复杂表格的排版技巧

5.1 表格的简单操作

表格是由若干的行和列组成，行列交叉的区域为单元格。一般以单元格为单位来插入网页元素，也可以行和列为单位来修改性质相同的单元格。此处表格的功能和使用方法与文字处理软件的表格不太一样。

5.1.1 表格的组成

表格中包含行、列、单元格、表格标题等元素，如图 5-1 所示。

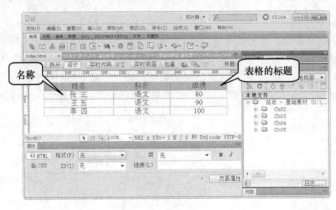

图 5-1

表格元素所对应的 HTML 标签如下。

<table>　</table>：标志表格的开始和结束。通过设置它的常用参数，可以指定表格的高度、宽度、框线的宽度、背景图像、背景颜色、单元格间距、单元格边界和内容的距离以及表格相对页面的对齐方式。

<tr>　</tr>：标志表格的行。通过设置它的常用参数，可以指定行的背景图像、行的背景颜色、行的对齐方式。

<td>　</td>：标志单元格内的数据。通过设置它的常用参数，可以指定列的对齐方式、列的背景图像、列的背景颜色、列的宽度、单元格垂直对齐方式等。

<caption>　</caption>：标志表格的标题。

<th>　</th>：标志表格的列名。

虽然 Dreamweaver CS5 允许用户在"设计"视图中直接操作行、列和单元格，但对于复杂的表格，就无法通过鼠标选择用户所需要的对象，所以对于网站设计者来说，必须了解表格元素的 HTML 标签的基本内容。

当选定了表格或表格中有插入点时，Dreamweaver CS5 会显示表格的宽度和每列的列宽。宽度旁边是表格标题菜单与列标题菜单的箭头，如图 5-2 所示。

用户可以根据需要打开或关闭表格和列的宽度显示，打开或关闭表格和列的宽度显示有以下几种方法。

选定表格或在表格中设置插入点，然后选择"查看 > 可视化助理 > 表格宽度"命令。

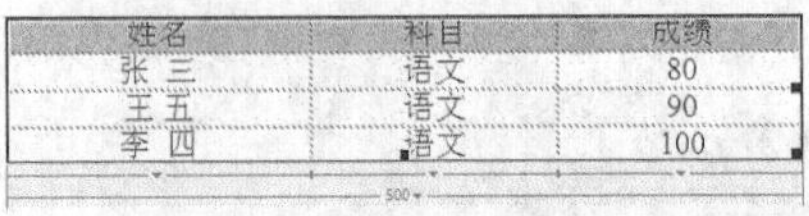

图 5-2

用鼠标右键单击表格，在弹出的菜单中选择"表格 > 表格宽度"命令。

5.1.2　插入表格

要将相关数据有序地组织在一起，必须先插入表格，然后才能有效组织数据。

插入表格的具体操作步骤如下。

（1）在"文档"窗口中，将插入点放到合适的位置。

（2）通过以下几种方法启用"表格"对话框，如图 5-3 所示。

图 5-3

选择"插入 > 表格"命令。

单击"插入"面板"常用"选项卡上的"表格"按钮🖼。

单击"插入"布局"布局"选项卡面板上的"表格"按钮🖼。

对话框中各选项的作用如下。

"表格大小"选项组：完成表格行数、列数以及表格宽度、边框粗细等参数的设置。

"行数"选项：设置表格的行数。

"列"选项：设置表格的列数。

"表格宽度"选项：以像素为单位或以浏览器窗口宽度的百分比设置表格的宽度。

"边框粗细"选项：以像素为单位设置表格边框的宽度。对于大多数浏览器来说，此选项值设置为 1。如果用表格进行页面布局时将此选项值设置为 0，浏览网页时就不显示表格的边框。

"单元格边距"选项：设置单元格边框与单元格内容之间的像素数。对于大多数浏览器来说，此选项的值设置为 1。如果用表格进行页面布局时将此选项值设置为 0，浏览网页时单元格边框与内容之间没有间距。

"单元格间距"选项：设置相邻的单元格之间的像素数。对于大多数浏览器来说，此选项的值设置为 2。如果用表格进行页面布局时将此选项值设置为 0，浏览网页时单元格之间没有间距。

姓名	科目	成绩
张 三	语文	80
王 五	语文	90
李 四	语文	100

图 5-4

"标题"选项：设置表格标题，它显示在表格的外面。

"摘要"选项：对表格的说明，但是该文本不会显示在用户的浏览器中，仅在源代码中显示，可提高源代码的可读性。

可以通过如图 5-4 所示的表来了解上述对话框选项的具体内容。

 提示

在"表格"对话框中，当"边框粗细"选项设置为 0 时，在窗口中不显示表格的边框，若要查看单元格和表格边框，选择"查看 > 可视化助理 > 表格边框"命令即可。

（3）根据需要选择新建表格的大小、行列数值等，单击"确定"按钮完成新建表格的设置。

5.1.3　表格各元素的属性

插入表格后，通过选择不同的表格对象，可以在"属性"面板中看到它们的各项参数，修改这些参数可以得到不同风格的表格。

1．表格的属性

表格的"属性"面板如图 5-5 所示，其各选项的作用如下。

图 5-5

"表格 Id"选项：用于标志表格。

"行"和"列"选项：用于设置表格中行和列的数目。

"宽"选项：以像素为单位或以浏览器窗口宽度的百分比来设置表格的宽度和高度。

"填充"选项：也称单元格边距，是单元格内容和单元格边框之间的像素数。对于大多数浏览器来说，此选项的值设为 1。如果用表格进行页面布局时将此参数设置为 0，浏览网页时单元格边框与内容之间没有间距。

"间距"选项：也称单元格间距，是相邻的单元格之间的像素数。对于大多数浏览器来说，此选项的值设为 2。如果用表格进行页面布局时将此参数设置为 0，浏览网页时单元格之间没有间距。

"对齐"选项：表格在页面中相对于同一段落其他元素的显示位置。

"边框"选项：以像素为单位设置表格边框的宽度。

"清除列宽"按钮 和"清除行高"按钮 ：从表格中删除所有明确指定的列宽或行高的数值。

"将表格宽度转换成像素"按钮 ：将表格每列宽度的单位转换成像素，还可将表格宽度的单位转换成像素。

"将表格宽度转换成百分比"按钮 ：将表格每列宽度的单位转换成百分比，还可将表格宽度的单位转换成百分比。

如果没有明确指定单元格间距和单元格边距的值，则大多数浏览器按单元格边距设置为 1，单元格间距设置为 2 显示表格。

2．单元格和行或列的属性

单元格和行或列的"属性"面板如图 5-6 所示，其各选项的作用如下。

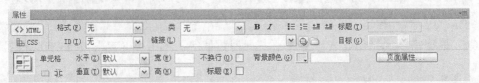

图 5-6

"合并所选单元格，使用跨度"按钮：将选定的多个单元格、选定的行或列的单元格合并成一个单元格。

"拆分单元格为行或列"按钮：将选定的一个单元格拆分成多个单元格。一次只能对一个单元格进行拆分，若选择多个单元格，此按钮禁用。

"水平"选项：设置行或列中内容的水平对齐方式。包括"默认"、"左对齐"、"居中对齐"、"右对齐" 4 个选项值。一般标题行的所有单元格设置为居中对齐方式。

"垂直"选项：设置行或列中内容的垂直对齐方式。包括"默认"、"顶端"、"居中"、"底部"、"基线" 5 个选项值，一般采用居中对齐方式。

"宽"和"高"选项：以像素为单位或以浏览器窗口宽度的百分比来设置表格的宽度和高度。

"不换行"选项：设置单元格文本是否换行。如果启用"不换行"选项，当输入的数据超出单元格的宽度时，会自动增加单元格的宽度来容纳数据。

"标题"选项：设置是否将行或列的每个单元格的格式设置为表格标题单元格的格式。

"背景颜色"选项：设置单元格的背景颜色。

5.1.4　在表格中插入内容

建立表格后，可以在表格中添加各种网页元素，如文本、图像和表格等。在表格中添加元素的操作非常简单，只需根据设计要求选定单元格，然后插入网页元素即可。一般当表格中插入内容后，表格的尺寸会随内容的尺寸自动调整。当然，还可以利用单元格的属性来调整其内部元素的对齐方式和单元格的大小等。

1．输入文字

在单元格中输入文字，有以下几种方法。

单击任意一个单元格并直接输入文本，此时单元格会随文本的输入自动扩展。

粘贴来自其他文字编辑软件中复制的带有格式的文本。

2．插入其他网页元素

（1）嵌套表格。将插入点放到一个单元格内并插入表格，即可实现嵌套表格。

（2）插入图像。在表格中插入图像有以下几种方法。

将插入点放到一个单元格中，单击"插入"面板"常用"选项卡中的"图像"按钮。

将插入点放到一个单元格中，选择"插入 > 图像"命令。

将插入点放到一个单元格中，将"插入"面板"常用"选项卡中的"图像"按钮拖曳单元格内。

从资源管理器、站点资源管理器或桌面上直接将图像文件拖到一个需要插入图像的单元格内。

5.1.5　选择表格元素

先选择表格元素，然后对其进行操作。一次可以选择整个表格、多行或多列，也可以选择一个或多个单元格。

1．选择整个表格

选择整个表格有以下几种方法。

将鼠标指针放到表格的四周边缘，鼠标指针右下角出现图标，如图 5-7 所示，单击鼠标左键即可选中整个表格，如图 5-8 所示。

图 5-7　　　　　　　　　　　　　　　　　　图 5-8

将插入点放到表格中的任意单元格中，然后在文档窗口左下角的标签栏中选择<table>标签<table>，如图 5-9 所示。

将插入点放到表格中，然后选择"修改 > 表格 > 选择表格"命令。

在任意单元格中单击鼠标右键，在弹出的菜单中选择"表格 > 选择表格"命令，如图 5-10 所示。

图 5-9

图 5-10

2．选择行或列

（1）选择单行或单列。定位鼠标指针，使其指向行的左边缘或列的上边缘。当鼠标指针出现向右或向下的箭头时单击鼠标左键，如图 5-11 所示。

图 5-11

（2）选择多行或多列。定位鼠标指针，使其指向行的左边缘或列的上边缘。当鼠标指针变为方向箭头时，直接拖曳鼠标或按住 Ctrl 键的同时单击行或列，选择多行或多列，如图 5-12 所示。

3．选择单元格

选择单元格有以下几种方法。

将插入点放到表格中，然后在文档窗口左下角的标签栏中选择<td>标签<td>，如图 5-13

所示。

图 5-12   图 5-13

单击任意单元格后，按住鼠标左键不放，直接拖曳鼠标选择单元格。

将插入点放到单元格中，然后选择"编辑 > 全选"
命令，选中鼠标指针所在的单元格。

4．选择一个矩形块区域

选择一个矩形块区域有以下几种方法。

将鼠标指针从一个单元格向右下方拖曳到另一个单
元格。如将鼠标指针从"小食品"单元格向右下方拖曳到
"300"单元格，得到如图 5-14 所示的结果。

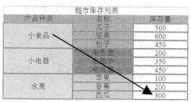

图 5-14

选择矩形块左上角所在位置对应的单元格，按住 Shift 键的同时单击矩形块右下角所在
位置对应的单元格。这两个单元格定义的直线或矩形区域中的所有单元格都将被选中。

5．选择不相邻的单元格

按住 Ctrl 键的同时单击某个单元格即选中该单元格，当再次单击这个单元格时则取消对
它的选择，如图 5-15 所示。

5.1.6　复制、粘贴表格

在 Dreamweaver CS5 中复制表格的操作如同在
Word 中一样，可以对表格中的多个单元格进行复制、
剪切、粘贴操作，并保留原单元格的格式，也可以仅对
单元格的内容进行操作。

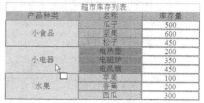

图 5-15

1．复制单元格

选定表格的一个或多个单元格后，选择"编辑 > 拷贝"命令或按 Ctrl+C 快捷键，将选
择的内容复制到剪贴板中。剪贴板是一块由系统分配的暂时存放剪贴和复制内容的特殊的内
存区域。

2．剪切单元格

选定表格的一个或多个单元格后，选择"编辑 > 剪切"命令或按 Ctrl+X 快捷键，将选
择的内容剪切到剪贴板中。

提示

必须选择连续的矩形区域，否则不能进行复制和剪切操作。

3. 粘贴单元格

将光标放到网页的适当位置，选择"编辑 > 粘贴"命令或按 Ctrl+V 快捷键，将当前剪贴板中包含格式的表格内容粘贴到光标所在位置。

4. 粘贴操作的几点说明

（1）只要剪贴板的内容和选定单元格的内容兼容，选定单元格的内容就将被替换。

（2）如果在表格外粘贴，则剪贴板中的内容将作为一个新表格出现，如图 5-16 所示。

（3）还可以先选择"编辑 > 拷贝"命令进行复制，然后选择"编辑 > 选择性粘贴"命令，调出"选择性粘贴"对话框，如图 5-17 所示，设置完成后单击"确定"按钮进行粘贴。

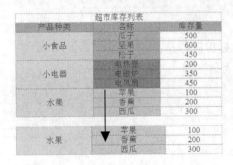

图 5-16　　　　　　　　　　　　　　　　　　　图 5-17

5.1.7　删除表格和表格内容

删除表格的操作包括删除行或列，清除表格内容。

1. 清除表格内容

选定表格中要清除内容的区域后，要实现清除表格内容的操作有以下几种方法。

按 Delete 键即可清除所选区域的内容。

选择"编辑 > 清除"命令。

2. 删除行或列

选定表格中要删除的行或列后，要实现删除行或列的操作有以下几种方法。

选择"修改 > 表格 > 删除行"命令或按 Ctrl+Shift+M 快捷键，删除选择区域所在的行。

选择"修改 > 表格 > 删除列"命令或按 Ctrl+Shift+ - 快捷键，删除选择区域所在的列。

5.1.8　缩放表格

创建表格后，可根据需要调整表格、行和列的大小。

1. 缩放表格

缩放表格有以下几种方法。

将鼠标指针放在选定表格的边框上，当鼠标指针光标变为 ╫ 时，左右拖动边框，可以实现表格的缩放，如图 5-18 所示。

选中表格，直接修改"属性"面板中的"宽"和"高"选项。

2. 修改行或列的大小

修改行或列的大小有以下几种方法。

直接拖曳鼠标。改变行高，可上下拖曳行的底边线；改变列宽，可左右拖曳列的右边线，如图 5-19 所示。

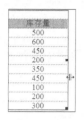

图 5-18 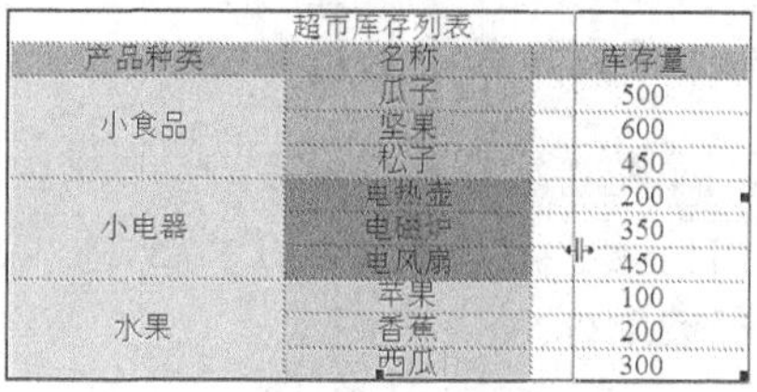　　　　　　　　　　　　　　　　　　　图 5-19

输入行高或列宽的值。在"属性"面板中直接输入选定单元格所在行或列的行高或列宽的数值。

5.1.9　合并和拆分单元格

有的表格项需要几行或几列来说明，这时需要将多个单元格合并，生成一个跨多个列或行的单元格，如图 5-20 所示。

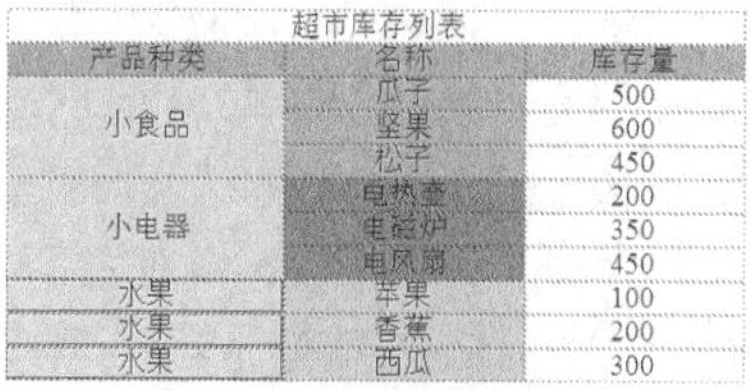

图 5-20

1．合并单元格

选择连续的单元格后，就可将它们合并成一个单元格。合并单元格有以下几种方法。

按 Ctrl+Alt+M 快捷键。

选择"修改 > 表格 > 合并单元格"命令。

在"属性"面板中，单击"合并所选单元格"按钮 。

> **提示**
>
> 合并前的多个单元格的内容将合并到一个单元格中。不相邻的单元格不能合并，并应保证其为矩形的单元格区域。

2．拆分单元格

有时为了满足用户的需要，要将一个表格项分成多个单元格以详细显示不同的内容，就必须将单元格进行拆分。

拆分单元格的具体操作步骤如下。

（1）选择一个要拆分的单元格。

（2）通过以下几种方法启用"拆分单元格"对话框，如图 5-21 所示。

图 5-21

按 Ctrl+Alt+S 快捷键。

选择"修改 > 表格 > 拆分单元格"命令。

在"属性"面板中，单击"拆分单元格为行或列"按钮 。

"拆分单元格"对话框中各选项的作用如下。

"把单元格拆分"选项组：设置是按行还是按列拆分单元格，它包括"行"和"列"两个选项。

"行"或"列"选项：设置将指定单元格拆分成的行数或列数。

（3）根据需要进行设置，单击"确定"按钮完成单元格的拆分。

5.1.10 增加和删除表格的行和列

在实际工作中，随着客观环境的变化，表格中的项目也需要做相应的调整，通过选择"修改 > 表格"中的相应子菜单命令，可添加、删除行或列。

1．插入单行或单列

选择一个单元格后，就可以在该单元格的上下或左右插入一行或一列。

插入单行或单列有以下几种方法。

（1）插入行，如下。

选择"修改 > 表格 > 插入行"命令，在插入点的上面插入一行。

按 Ctrl+M 快捷键，在插入点的上面插入一行。

选择"插入 > 表格对象 > 在上面插入行"命令，在插入点的上面插入一行。

选择"插入 > 表格对象 > 在下面插入行"命令，在插入点的下面插入一行。

（2）插入列，如下。

选择"修改记录 > 表格 > 插入列"命令，在插入点的左侧插入一列。

按 Ctrl+Shift+A 快捷键，在插入点的左侧插入一列。

选择"插入 > 表格对象 > 在左边插入列"命令，在插入点的左侧插入一列。

选择"插入 > 表格对象 > 在右边插入列"命令，在插入点的右侧插入一列。

2．插入多行或多列

选中一个单元格，选择"修改 > 表格 > 插入行或列"命令，弹出"插入行或列"对话框。根据需要设置对话框，可实现在当前行的上面或下面插入多行，如图 5-22 所示，或在当前列之前或之后插入多列，如图 5-23 所示。

图 5-22　　　　　　　　　　　　　　　　图 5-23

"插入行或列"对话框中各选项的作用如下。

"插入"选项组：设置是插入行还是列，它包括"行"和"列"两个选项。

"行数"或"列数"选项：设置要插入行或列的数目。

"位置"选项组：设置新行或新列相对于所选单元格所在行或列的位置。

提示

在表格的最后一个单元格中按 Tab 键会自动在表格的下方新添一行。

5.1.11 课堂案例——租车网页

【案例学习目标】使用"插入"面板常用选项卡中的按钮制作网页。使用"属性"面板设置文档，使页面更加美观。

【案例知识要点】使用"表格"按钮插入表格效果。使用"图像"按钮插入图像。使用

CSS 样式设置单元格背景色，如图 5-24 所示。

【效果所在位置】光盘/Ch05/效果/租车网页/index.html

图 5-24

1. 设置页面属性并插入表格

（1）启动 Dreamweaver CS5，新建一个空白文档。新建页面的初始名称是"Untitled-1.html"。选择"文件 > 保存"命令，弹出"另存为"对话框，在"保存在"选项的下拉列表中选择站点目录保存路径，在"文件名"选项的文本框中输入"index"，单击"保存"按钮，返回到编辑窗口。

（2）选择"修改 > 页面属性"命令，在弹出的"页面属性"对话框左侧"分类"选项列表中选择"外观"选项，将"左边距"、"右边距"、"上边距"和"下边距"选项均设为 0，如图 5-25 所示，单击"确定"按钮。

（3）在"插入"面板"常用"选项卡中单击"表格"按钮 ，在弹出的"表格"对话框中进行设置，如图 5-26 所示，单击"确定"按钮，效果如图 5-27 所示。保持表格的选取状态，在"属性"面板"对齐"选项的下拉列表中选择"居中对齐"选项。

图 5-25

图 5-26

图 5-27

2. 设置单元格背景颜色并插入图像

（1）将光标置入到第 1 行单元格中，在"属性"面板"水平"选项的下拉列表中选择"居中对齐"选项,将"高"选项设为 254,"背景颜色"设为青蓝色(#4488CF),如图 5-28 所示。表格效果如图 5-29 所示。

图 5-28   图 5-29

(2)在"插入"面板"常用"选项卡中单击"图像"按钮，在弹出的"选择图像源文件"对话框中选择光盘"Ch05 > 素材 > 租车网页 > images"文件夹中的"img_03.jpg"，单击"确定"按钮完成图片的插入，效果如图 5-30 所示。

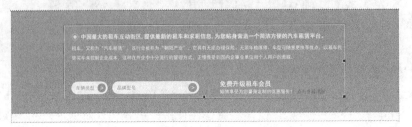

图 5-30

(3)将光标置入到第 2 行单元格中,在"插入"面板"常用"选项卡中单击"图像"按钮，在弹出的"选择图像源文件"对话框中选择光盘"Ch05 > 素材 > 租车网页 > images"文件夹中的"img_06.jpg",单击"确定"按钮完成图片的插入,效果如图 5-31 所示。

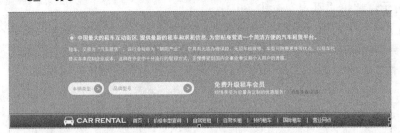

图 5-31

(4)用相同的方法分别将 img_07.jpg、img_08.jpg 文件插入到第 3 行和第 4 行的单元格中,如图 5-32 所示。

(5)保存文档,按 F12 键预览效果,如图 5-33 所示。

图 5-32

图 5-33

5.2 网页中的数据表格

在实际工作中，有时需要将其他程序（如 Excel、Access）建立的表格数据导入网页中，在 Dreamweaver CS5 中，利用"导入表格式数据"命令可以很容易地实现这一功能。在 Dreamweaver CS5 中提供了对表格进行排序功能，还可以跟据一列的内容来完成一次简单的表格排序，也可以根据两列的内容来完成一次较复杂的排序。

5.2.1 导入和导出表格的数据

有时需要将 Word 文档中的内容或 Excel 文档中的表格数据导入网页中进行发布，或将网页中的表格数据导出到 Word 文档或 Excel 文档中进行编辑，Dreamweaver CS5 提供了实现这种操作的功能。

1. 导入 Excel 文档中的表格数据

选择"文件 > 导入 > Excel 文档"命令，弹出"导入 Excel 文档"对话框，如图 5-34 所示。选择包含导入数据的 Excel 文档，导入后的效果如图 5-35 所示。

图 5-34

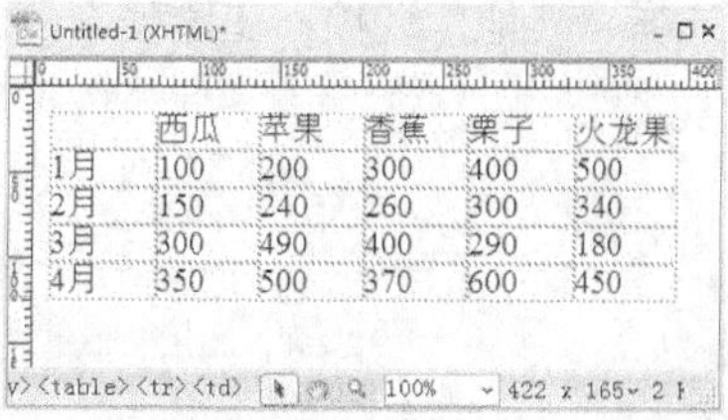

	西瓜	苹果	香蕉	梨子	火龙果
1月	100	200	300	400	500
2月	150	240	260	300	340
3月	300	490	400	290	180
4月	350	500	370	600	450

图 5-35

2. 导入 Word 文档中的内容

选择"文件 > 导入 > Word 文档"命令，弹出"导入 Word 文档"对话框，如图 5-36

所示。选择包含导入内容的 Word 文档，导入后的效果如图 5-37 所示。

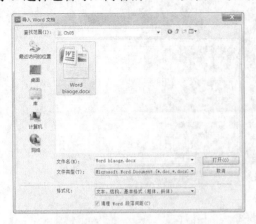

图 5-36   图 5-37

3. 将网页中的表格导入到其他网页或 Word 文档中

若将一个网页的表格导入到其他网页或 Word 文档中，需先将网页内的表格数据导出，然后将其导入其他网页或切换并导入到 Word 文档中。

（1）将网页内的表格数据导出。选择"文件 > 导出 > 表格"命令，弹出如图 5-38 所示的"导出表格"对话框，根据需要设置参数，单击"导出"按钮，弹出"表格导出为"对话框，输入保存导出数据的文件名称，单击"保存"按钮完成设置。

图 5-38

"导出表格"对话框中各选项的作用如下。

"定界符"选项：设置导出文件所使用的分隔符字符。

"换行符"选项：设置打开导出文件的操作系统。

（2）在其他网页中导入表格数据。首先要启用"导入表格式数据"对话框，如图 5-39 所示。然后根据需要进行选项设置，最后单击"确定"按钮完成设置。

启用"导入表格式数据"对话框，有以下几种方法。

选择"文件 > 导入 > 表格式数据"命令。

选择"插入 > 表格对象 > 导入表格式数据"命令。

"导入表格式数据"对话框中各选项的作用如下。

"数据文件"选项：单击"浏览"按钮选择要导入的文件。

"定界符"选项：设置正在导入的表格文件所使用的分隔符。它包括 Tab、逗点等选项值。如果选择"其他"选项，在选项右侧的文本框中输入导入文件使用的分隔符，如图 5-40 所示。

图 5-39   图 5-40

"表格宽度"选项组：设置将要创建的表格宽度。

"单元格边距"选项：以像素为单位设置单元格内容与单元格边框之间的距离。

"单元格间距"选项：以像素为单位设置相邻单元格之间的距离。

"格式化首行"选项：设置应用于表格首行的格式。从下拉列表的"无格式"、"粗体"、"斜体"和"加粗斜体"选项中进行选择。

"边框"选项：设置表格边框的宽度。

图 5-41

（3）在 Word 文档中导入表格数据。在 Word 文档中选择"插入 > 对象 > 文本中的文字"命令，弹出如图 5-41 所示的"插入文件"对话框。选择插入的文件，单击"插入"按钮，弹出如图 5-42 所示的"文件转换"对话框，单击"确定"按钮完成设置，效果如图 5-43 所示。

图 5-42

图 5-43

5.2.2　排序表格

日常工作中，常常需要对无序的表格内容进行排序，以便浏览者可以快速找到所需的数据。表格排序功能可以为网站设计者解决这一难题。

将插入点放到要排序的表格中，然后选择"命令 > 排序表格"命令，弹出"排序表格"对话框，如图 5-44 所示。根据需要设置相应选项，单击"应用"或"确定"按钮完成设置。

"排序表格"对话框中各选项的作用如下。

"排序按"选项：设置表格按哪列的值进行排序。

"顺序"选项：设置是按字母还是按数字顺序以及是以升序（从 A 到 Z 或从小数字到大数字）还是降序对列进行

图 5-44

排序。当列的内容是数字时，选择"按数字顺序"。如果按字母顺序对一组由一位或两位字数组成的数进行排序，则会将这些数字作为单词按照从左到右的方式进行排序，而不是按数字大小进行排序。如 1、2、3、10、20、30，若按字母排序，则结果为 1、10、2、20、3、30；若按数字排序，则结果为 1、2、3、10、20、30。

"再按"和"顺序"选项：按第一种排序方法排序后，当排序的列中出现相同的结果时按第二种排序方法排序。可以在这两个选项中设置第二种排序方法，设置方法与第一种排序方法相同。

"选项"选项组：设置是否将标题行、脚注行等一起进行排序。

"排序包含第一行"选项：设置表格的第一行是否应该排序。如果第一行是不应移动的标题，则不选择此选项。

"排序标题行"选项：设置是否对标题行进行排序。

"排序脚注行"选项：设置是否对脚注行进行排序。

"完成排序后所有行颜色保持不变"选项：设置排序的结果是否保持原行的颜色值。如果表格行使用两种交替的颜色，则不要选择此选项以确保排序后的表格仍具有颜色交替的行。如果行属性特定于每行的内容，则选择此选项以确保这些属性保持与排序后表格中正确的行关联在一起。

	西瓜	苹果	香蕉	栗子	火龙果
4月	350	500	370	600	450
3月	300	490	400	290	180
2月	150	240	260	300	340
1月	100	200	300	400	500

如图 5-44 所示进行设置，表格内容排序后效果如图 5-45 所示。

图 5-45

 提示

有合并单元格的表格是不能使用"排序表格"命令的。

5.2.3　课堂案例——健康美食网页

【案例学习目标】使用"插入"命令导入外部表格数据。使用"命令"菜单将表格的数据排序。

【案例知识要点】使用"导入表格式数据"命令导入外部表格数据。使用"排序表格"命令将表格的数据排序，如图 5-46 所示。

【效果所在位置】光盘/Ch05/效果/健康美食网页/index.html

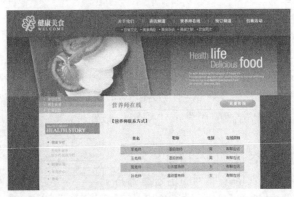

图 5-46

（1）选择"文件 > 打开"命令，在弹出的对话框中选择光盘"Ch05 > 素材 > 健康美食网页 > index.html"文件，单击"打开"按钮，如图 5-47 所示。将光标放置在要导入表格数据的位置，如图 5-48 所示。

（2）单击"插入 > 表格对象 > 导入表格式数据"命令，弹出"导入表格式数据"对话框，在对话框中单击"数据文件"选项右侧的"浏览"按钮，弹出"打开"对话框，在光盘"Ch05 > 素材 > 健康美食网页 > images"文件夹中选择文件"导入表格.txt"。

图 5-47   图 5-48

（3）单击"确定"按钮，返回到对话框中，其他选项设置如图 5-49 所示，单击"确定"按钮，导入表格式数据，效果如图 5-50 所示。

图 5-49   图 5-50

（4）选中如图 5-51 所示的单元格，在"属性"面板"水平"选项的下拉列表中选择"居中对齐"选项，效果如图 5-52 所示。

图 5-51   图 5-52

（5）将光标置入到第 1 行第 1 列单元格中，如图 5-53 所示，在"属性"面板中将"宽"选项设为 102，如图 5-54 所示，效果如图 5-55 所示。

   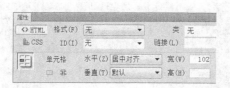   

图 5-53   图 5-54   图 5-55

（6）用相同的方法分别设置第 2 列、第 3 列、第 4 列单元格的宽为 166、72、72，如图 5-56 所示。将光标置入到第 2 行第 1 列单元格中，按 Ctrl+M 快捷键，在当前行的上方插入 1 行，如图 5-57 所示。

姓名	职称	性别	在线资询
李老师	高级技师	男	帮帮在线
王老师	高级技师	男	帮帮在线
庞老师	公共营养师	女	帮帮在线
孙老师	高级营养师	女	帮帮在线

图 5-56

姓名	职称	性别	在线资询
李老师	高级技师	男	帮帮在线
王老师	高级技师	男	帮帮在线
庞老师	公共营养师	女	帮帮在线
孙老师	高级营养师	女	帮帮在线

图 5-57

（7）将第 2 行所有单元格选中，如图 5-58 所示。单击"属性"面板中的"合并所有单元格，使用跨度"按钮 ，将所选单元格合并，单击文档窗口左上方的"拆分"按钮 拆分，在代码中删除该单元格中" "，效果如图 5-59 所示。

姓名	职称	性别	在线资询
李老师	高级技师	男	帮帮在线
王老师	高级技师	男	帮帮在线
庞老师	公共营养师	女	帮帮在线
孙老师	高级营养师	女	帮帮在线

图 5-58

```
<tr>
    <td colspan="4" align="center"></td>
</tr>
```

图 5-59

（8）选择"插入 > HTML > 水平线"命令，插入水平线，效果如图 5-60 所示。选中如图 5-61 所示的单元格，在"属性"面板中将"背景颜色"选项设为黄绿色（#97c53c），效果如图 5-62 所示。用相同的方法制作出如图 5-63 所示的效果。

姓名	职称	性别	在线资询
李老师	高级技师	男	帮帮在线
王老师	高级技师	男	帮帮在线
庞老师	公共营养师	女	帮帮在线
孙老师	高级营养师	女	帮帮在线

图 5-60

姓名	职称	性别	在线资询
李老师	高级技师	男	帮帮在线
王老师	高级技师	男	帮帮在线
庞老师	公共营养师	女	帮帮在线
孙老师	高级营养师	女	帮帮在线

图 5-61

姓名	职称	性别	在线资询
李老师	高级技师	男	帮帮在线
王老师	高级技师	男	帮帮在线
庞老师	公共营养师	女	帮帮在线
孙老师	高级营养师	女	帮帮在线

图 5-62

姓名	职称	性别	在线资询
李老师	高级技师	男	帮帮在线
王老师	高级技师	男	帮帮在线
庞老师	公共营养师	女	帮帮在线
孙老师	高级营养师	女	帮帮在线

图 5-63

（9）保存文档，按 F12 键预览效果，如图 5-64 所示。

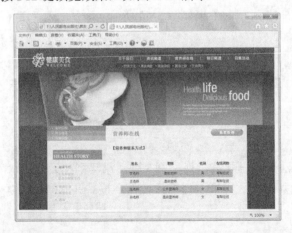

图 5-64

5.3　复杂表格的排版

当一个表格无法对网页元素进行复杂的定位时，需要在表格的一个单元格中继续插入表格，这叫作表格的嵌套。单元格中的表格是内嵌入式表格，通过内嵌入式表格可以将一个单元再分成许多行和列，而且可以无限地插入内嵌入式表格，但是内嵌入式表格越多，浏览时花费在下载页面的时间越长。因此，内嵌入式的表格最多不超过 3 层。包含嵌套表格的网页如图 5-65 所示。

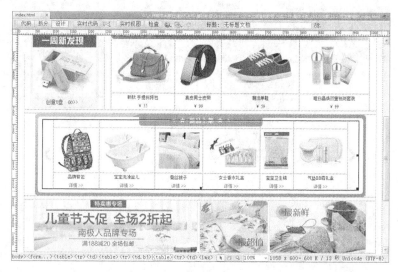

图 5-65

5.4　课堂练习——OA 办公系统网页

【练习知识要点】使用"导入表格式数据"命令导入外部表格数据。使用"排序表格"命令将表格的数据排序，如图 5-66 所示。

【效果所在位置】光盘/Ch05/效果/OA 办公系统网页/index.html

图 5-66

5.5 课后习题——有机蔬菜网页

【习题知识要点】使用"页面属性"命令设置页面属性。使用"图像"和"表格"按钮制作网页效果。使用"属性"面板设置单元格背景颜色，如图 5-67 所示。

【效果所在位置】光盘/Ch05/效果/有机蔬菜网页/index.html

图 5-67

第 6 章
使用框架

框架的出现大大地丰富了网页的布局手段以及页面之间的组织形式。浏览者通过框架可以很方便地在不同的页面之间跳转及操作， BBS 论坛页面以及网站中邮箱的操作页面等都是通过框架来实现的。

课堂学习目标
- 掌握框架与框架集的基本操作方法
- 掌握框架的属性设置

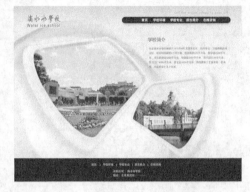

图 6-1

6.1 框架与框架集

框架可以简单的理解为是对浏览器窗口进行划分后的子窗口。每一个子窗口是一个框架，它显示一个独立的网页文档内容，而这组框架结构被定义在名叫框架集的 HTML 网页中，如图 6-1 所示。

当一个页面被划分成几个框架时，系统会自动建立一个框架集文档，用来保存网页中所有框架的数量、大小、位置及每个框架内显示的网页名等信息。当用户打开框架集文档时，计算机就会根据其中的框架数量、大小、位置等信息将浏览窗口划分成几个子窗口，每个窗口显示一个独立的网页文档内容。

总之，框架由框架和框架集两部分组成。框架集是定义一组框架结构的 HTML 文档；框架是网页窗口上定义的一块区域，并且可以根据需要在这个区域显示不同的网页内容。

6.1.1 建立框架集

在 Dreamweaver CS5 中，可以利用可视化工具方便地创建框架集。用户可以通过菜单命令，或通过"插入"面板"布局"选项卡中的"框架"按钮 实现该操作。

1. 通过"新建"命令建立框架集

（1）选择"文件 > 新建"命令，弹出"新建文档"对话框。

（2）在左侧的列表中选择"示例中的页"选项，在"示例文件夹"选项中选择"框架页"选项，在右侧的"示例页"选项框中选择一个框架集，如图 6-2 所示。

（3）单击"创建"按钮完成设置。

（4）当框架集出现在文档窗口中，并且如果已经在"编辑 > 首选参数"对话框中激活了框架辅助功能，将弹出"框架标签辅助功能属性"对话框，如图 6-3 所示。

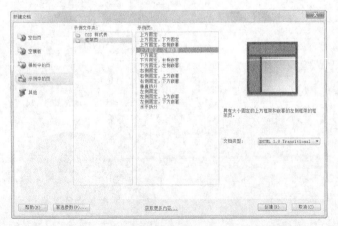

图 6-2

图 6-3

（5）在对话框中可以为每个框架进行设置，然后单击"确定"按钮。

2. 通过"插入"命令建立框架集

（1）选择"文件 > 新建"命令，弹出"新建文档"对话框，按如图 6-4 所示设置后，单击"创建"按钮，新建一个 HTML 文档。

（2）将插入点放置在文档窗口中，选择"插入 > HTML > 框架"命令，在其子菜单中选择需要的预定义框架集，如图 6-5 所示。

图 6-4

图 6-5

3. 通过"框架"按钮建立框架集

（1）新建一个 HTML 文档。

（2）将插入点放置在文档窗口中，单击"插入"面板"布局"选项卡中的"框架"按钮 右侧的黑色箭头，弹出 13 个框架集选项，在其中选择一个框架集，如图 6-6 所示。

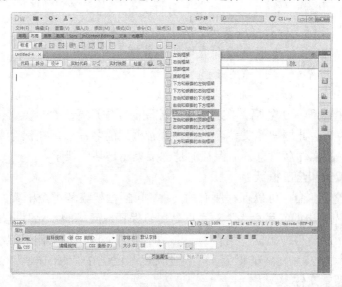

图 6-6

4. 通过拖曳"框架"按钮到窗口中建立框架集

（1）新建一个 HTML 文档。

（2）将插入点放置在文档窗口中，选中"插入"面板"布局"选项卡中的"框架"按钮，按住鼠标左键，将其拖曳到文档中，如图6-7所示，松开鼠标左键，效果如图6-8所示。

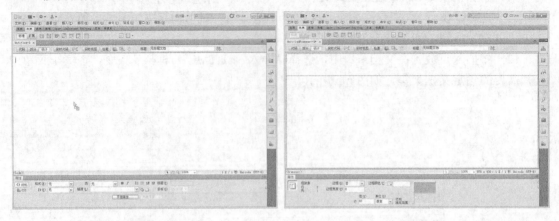

图6-7   图6-8

6.1.2 为框架添加内容

因为每一个框架都是一个 HTML 文档，所以可以在创建框架后，直接编辑某个框架中的内容，也可在框架中打开已有的 HTML 文档，具体操作步骤如下。

（1）在文档窗口中，将光标放置在某一框架内。

（2）选择"文件 > 在框架中打开"命令，打开一个已有文档，如图6-9所示。

6.1.3 保存框架

保存框架时，分两步进行，先保存框架集，再保存框架。初学者在保存文档时很容易糊涂，明明认为保存的是框架，但实际上保存成框架集；明明认为保存的是某个框架，但实际上保存成框架集或其他框架。因此，在保存框架前，用户需要先选择"窗口 >属性"命令和"窗口 > 框架"命令，启用"属性"

图6-9

面板和"框架"控制面板。然后，在"框架"控制面板中选择一个框架，在"属性"面板的"源文件"选项中查看此框架的文件名。用户查看框架的名称后，在保存文件时就可以根据"保存"对话框中的文件名信息知道保存的是框架集还是某框架了。

1. 保存框架集和全部框架

使用"保存全部"命令可以保存所有的文件，包括框架集和每个框架。选择"文件 > 保存全部"命令，先弹出的"另存为"对话框是用于保存框架集的，此时框架集边框显示选择线，如图 6-10 所示，再弹出的"另存为"对话框是用于保存每个框架的，此时文档窗口中的选择线也会自动转移到对应的框架上，据此可以知道正在保存的框架，如图 6-11 所示。

2. 保存框架集文件

单击框架边框选择框架集后，保存框架集文件有以下几种方法。

（1）选择"文件 > 保存框架页"命令。

（2）选择"文件 > 框架集另存为"命令。

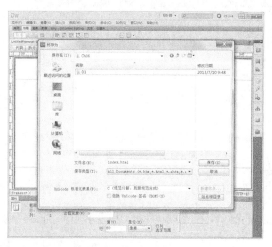
图 6-10

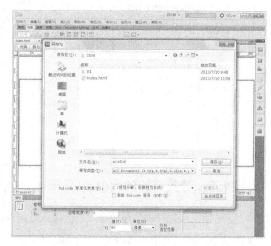
图 6-11

3. 保存框架文件

将插入点放到框架中后保存框架文件，有以下几种方法。

（1）选择"文件 > 保存框架"命令。

（2）选择"文件 > 框架另存为"命令。

6.1.4　框架的选择

在对框架或框架集进行操作之前，必须先选择框架或框架集。

1. 选择框架

选择框架有以下几种方法。

（1）在文档窗口中，按住 Alt 键的同时用鼠标左键单击欲选择的框架。

（2）先选择"窗口 > 框架"命令，启用"框架"控制面板。然后，在面板中用鼠标左键单击欲选择的框架，如图 6-12 所示。此时，文档窗口中框架的边框会出现虚线轮廓，如图 6-13 所示。

图 6-12

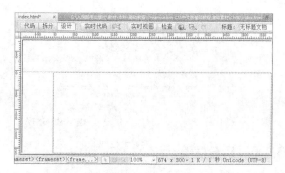
图 6-13

2. 选择框架集

选择框架集有以下几种方法。

（1）在"框架"控制面板中单击框架集的边框，如图 6-14 所示。

（2）在文档窗口中用鼠标左键单击框架的边框，如图 6-15 所示。

图 6-14

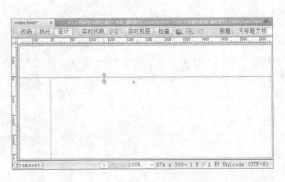

图 6-15

6.1.5　修改框架的大小

建立框架的目的就是将窗口分成大小不同的子窗口，在不同的窗口中显示不同的文档内容。调整子窗口的大小有以下几种方法。

（1）在"设计"视图中，将鼠标指针放到框架边框上，当鼠标指针呈双向箭头时，拖曳鼠标改变框架的大小，如图 6-16 所示。

（2）选择框架集，在"属性"面板中"行"或"列"选项的文本框中输入具体的数值，然后在"单位"选项的下拉列表中选择单位，如图 6-17 所示。

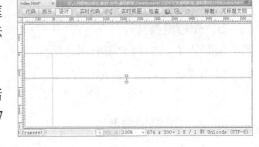

图 6-16

"属性"面板中，"单位"选项下拉列表中各选项的意义如下。

"像素"选项：为默认选项，按照绝对的像素值设定框架的大小。

"百分比"选项：按所选框架占整个框架集的百分比设定框架的大小，是相对尺寸，框架的大小会随浏览器窗口的改变而改变。

"相对"选项：是相对尺寸，框架的大小会随浏览器窗口的改变而改变。一般剩余空间按此方式分配。

图 6-17

6.1.6　拆分框架

通过拆分框架，可以增加框架集中框架的数量，但实际上是在不断地增加框架集，即框架集嵌套。拆分框架有以下几种方法。

（1）先将光标置于要拆分的框架窗口中，然后选择"修改 > 框架集"命令，弹出其子菜单，其中有 4 种拆分方式，如图 6-18 所示。

（2）先将光标置于要拆分的框架窗口中，然后单击"插入"面板"布局"选项卡"框架"

按钮 右侧的黑色箭头，在弹出的菜单中选择一种拆分框架的方式，将框架窗口再划分，如图 6-19 所示。

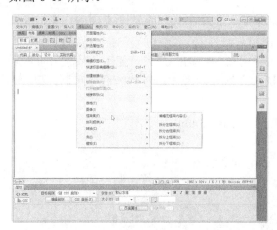
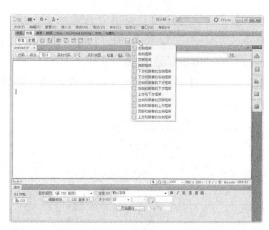

图 6-18   图 6-19

（3）选定要拆分的框架集，按住 Alt 键的同时，将鼠标指针放到框架的边框上，当鼠标指针呈双向箭头时，拖曳鼠标指针拆分框架，如图 6-20 所示。

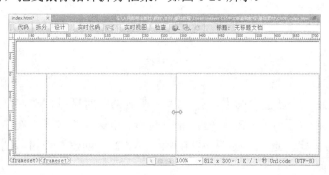

图 6-20

6.1.7 删除框架

将鼠标指针放在要删除的边框上，当鼠标指针变为双向箭头时，拖曳鼠标指针到框架相对应的外边框上即可进行删除，如图 6-21、图 6-22 所示。

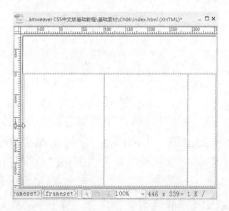
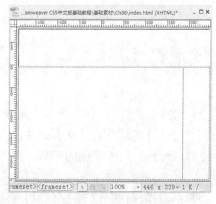

图 6-21   图 6-22

6.1.8 课堂案例——时尚灯具网页

【案例学习目标】使用"新建"命令建立框架集。使用页面属性改变页面的边距。使用插入面板常用选项卡中的按钮制作完整的框架网页。

【案例知识要点】使用"下方固定"框架制作网页的结构图效果。使用"属性"面板改变框架的大小。使用"表格"和"图像"按钮插入表格和图像制作完整的框架网页效果，如图 6-23 所示。

【效果所在位置】光盘/Ch06/效果/时尚灯具网页/index.html

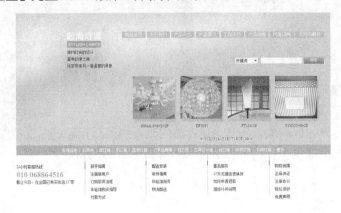

图 6-23

1. 新建框架

（1）选择"文件 > 新建"命令，弹出"新建文档"对话框，在左侧的选项中选择"示例中的页"选项，在"示例文件夹"列表框中选择"框架页"选项，在右边的"示例页"列表框中选择"下方固定"选项，如图 6-24 所示，单击"创建"按钮，创建一个框架网页，效果如图 6-25 所示。

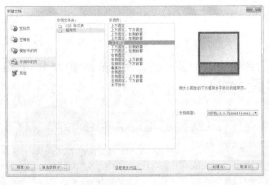

图 6-24

图 6-25

（2）选择"文件 > 保存全部"命令，弹出"另存为"对话框，在"保存在"选项的下拉列表中选择当前站点目录保存路径，整个框架边框会出现一个阴影框，阴影出现在整个框架集内侧，询问的是框架集的名称，在"文件名"选项的文本框中输入"index"，如图 6-26 所示。

（3）单击"保存"按钮，保存框架，将光标置入到顶部框架中，选择"文件 > 保存框架"命令，弹出"另存为"对话框，在"文件名"选项的文本框中输入"top"，如图 6-27

所示。单击"保存"按钮，返回到编辑窗口。

图 6-26

图 6-27

（4）将光标置入到底部框架中，选择"文件 > 保存框架"命令，弹出"另存为"对话框，在"文件名"选项的文本框中输入"bottom"，如图 6-28 所示，单击"保存"按钮，框架网页保存完成。

（5）将光标置入到顶部框架中，选择"修改 > 页面属性"命令，在弹出的"页面属性"对话框左侧"分类"选项列表中选择"外观"选项，将"大小"选项设为 12，"文本颜色"选项设为白色，"左边距"、"右边距"、"上边距"和"下边距"选项均设为 0，如图 6-29 所示，单击"确定"按钮，完成页面属性的修改。

图 6-28

图 6-29

2. 插入表格和图像

（1）在"插入"面板"常用"选项卡中单击"表格"按钮，在弹出的"表格"对话框中进行设置，如图 6-30 所示，单击"确定"按钮，保持表格的选取状态，在"属性"面板"对齐"选项的下拉列表中选择"居中对齐"选项，效果如图 6-31 所示。

（2）选中第 1 列的所有单元格，如图 6-32 所示，单击"属性"面板中的"合并所有单元格，使用跨度"按钮，将所选单元格合并。用相同的方法合并其他单元格，如图 6-33

所示。

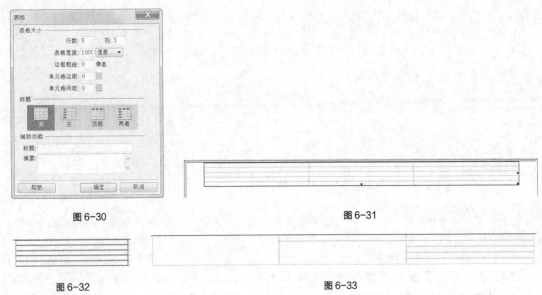

图 6-30   图 6-31

图 6-32   图 6-33

（3）选择"窗口 > CSS 样式"命令，弹出"CSS 样式"面板，单击"新建 CSS 规则"按钮 ，在弹出的对话框中进行设置，如图 6-34 所示，单击"确定"按钮，弹出".bg 的 CSS 规则定义"对话框，在左侧"分类"列表中选择"背景"选项，单击"Background-image"选项右侧的"浏览"按钮，在弹出的"选择图像源文件"对话框中选择光盘"Ch06 > 素材 > 时尚灯具网页 > images"文件夹中的"t-bg.jpg"，单击"确定"按钮，返回到对话框中，如图 6-35 所示，单击"确定"按钮完成设置。

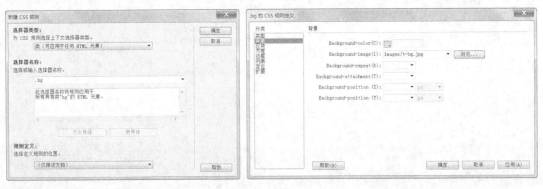

图 6-34   图 6-35

（4）选中插入的表格，在"属性"面板中的"类"选项下拉列表中选择"bg"，如图 6-36 所示，为表格应用样式，效果如图 6-37 所示。

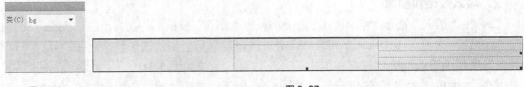

图 6-36   图 6-37

（5）将光标置入到第 1 列单元格中，在"属性"面板中将"宽"选项设为 140，"高"

选项设为 417，如图 6-38 所示。将光标置入到第 1 行第 2 列单元格中，在"属性"面板中将"宽"选项设为 195，"高"选项设为 50，效果如图 6-39 所示。

图 6-38 　　　　　　　　　　　　　　　　　　　图 6-39

（6）将光标置入到如图 6-40 所示的单元格中，在"属性"面板"水平"选项的下拉列表中选择"居中对齐"选项，"垂直"选项的下拉列表中选择"顶部"选项，如图 6-41 所示。在"插入"面板"常用"选项卡中单击"图像"按钮，在弹出的"选择图像源文件"对话框中选择光盘"Ch06 > 素材 > 时尚灯具网页 > images"文件夹中的"img_05.png"，单击"确定"按钮完成图片的插入，效果如图 6-42 所示。

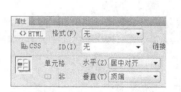

图 6-40 　　　　　　　　　图 6-41 　　　　　　　　　图 6-42

3. 在单元格中插入图像

（1）将光标置入到第 2 行第 3 列单元格中，如图 6-43 所示。在"插入"面板"常用"选项卡中单击"表格"按钮，在弹出的"表格"对话框中进行设置，如图 6-44 所示，单击"确定"按钮，插入表格，如图 6-45 所示。

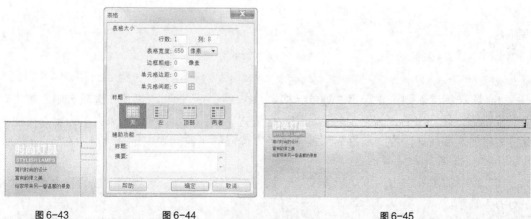

图 6-43 　　　　　　　图 6-44 　　　　　　　　　　图 6-45

（2）将光标置入到第 1 列单元格中，在"属性"面板"水平"选项的下拉列表中选择"居中对齐"选项，将"高"选项设为 20，"背景颜色"选项设为灰色（#b0b0b0），如图 6-46 所示。用相同的方法设置其他单元格，效果如图 6-47 所示。

图 6-46　　　　　　　　　　　　　　　　图 6-47

（3）将光标置入到第 1 列单元格中，输入文字，如图 6-48 所示。用相同的方法在其他单元格中输入文字，效果如图 6-49 所示。

图 6-48　　　　　　　　　　　　　　　　图 6-49

（4）将光标置入到第 3 行第 3 列的单元格中，在"属性"面板"水平"选项的下拉列表中选择"右对齐"选项，"垂直"选项的下拉列表中选择"底部"选项，将"高"选项设为 100，如图 6-50 所示。

图 6-50

（5）在"插入"面板"常用"选项卡中单击"图像"按钮，在弹出的"选择图像源文件"对话框中选择光盘"Ch06 > 素材 > 时尚灯具网页 > images"文件夹中的"img_08.png"，单击"确定"按钮完成图片的插入，保持图片被选中状态，在"属性"面板中将"水平边距"、"垂直边距"选项均设为 20，如图 6-51 所示，效果如图 6-52 所示。

图 6-51　　　　　　　　　　　　　　　　图 6-52

（6）将光标置入到第 4 行第 3 列单元格中，在"插入"面板"常用"选项卡中单击"表格"按钮，在弹出的"表格"对话框中进行设置，如图 6-53 所示，单击"确定"按钮，保持表格的选取状态，在"属性"面板"对齐"选项的下拉列表中选择"居中对齐"选项，效果如图 6-54 所示。

（7）选中如图 6-55 所示的单元格，在"属性"面板"水平"选项的下拉列表中选择"居中对齐"选项。

（8）将光标置入到如图 6-56 所示的单元格中，在"插入"面板"常用"选项卡中单击"图像"按钮，在弹出的"选择图像源文件"对话框中选择光盘"Ch06 > 素材 > 时尚灯

具网页 > images"文件夹中的"img_13.png",单击"确定"按钮完成图片的插入,保持图片被选中状态,在"属性"面板中将"垂直边距"选项设为5,效果如图 6-57 所示。用相同的方法在其他单元格中插入图片,如图 6-58 所示。

图 6-53

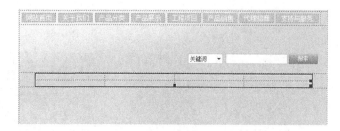

图 6-54

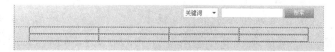

图 6-55

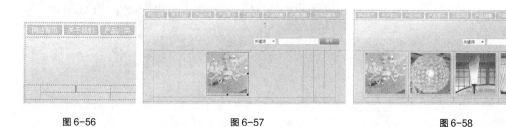

图 6-56　　　　　　　　　　图 6-57　　　　　　　　　　图 6-58

(9)将光标置入到如图 6-59 所示的单元格中,在"属性"面板中将"高"选项设为 20。输入文字,如图 6-60 所示。用相同的方法在其他单元格中输入文字,效果如图 6-61 所示。

图 6-59　　　　　　图 6-60　　　　　　　　　　　图 6-61

(10)新建 CSS 样式.text,弹出".text 的 CSS 规则定义"对话框,在"分类"选项列表中选择"类型"选项,将"Color"选项设为黑色,如图 6-62 所示,单击"确定"按钮,创建样式。

(11)选中如图 6-63 所示的文字,在"属性"面板"类"选项的下拉列表中选择"text",为文字应用样式,效果如图 6-64 所示。用相同的方法制作出如图 6-65 所示的效果。

图 6-62

图 6-63

图 6-64

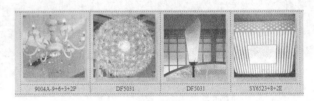

图 6-65

（12）将光标置入到第 5 行第 3 列的单元格中，在"属性"面板"水平"选项的下拉列表中选择"居中对齐"选项，将"高"选项设为 50，如图 6-66 所示。输入文字，如图 6-67 所示。

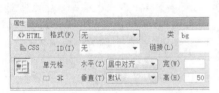

图 6-66

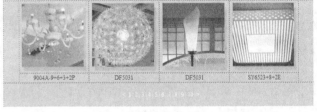

图 6-67

（13）选中如图 6-68 所示的文字，在"属性"面板"类"选项的下拉列表中选择"text"，为文字应用样式，效果如图 6-69 所示。

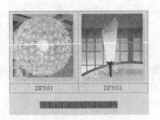

图 6-68

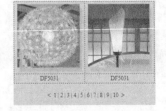

图 6-69

4．制作网页导航

（1）将光标置入到底部框架中，选择"修改 > 页面属性"命令，在弹出的"页面属性"对话框中进行设置，如图 6-70 所示。

（2）在"插入"面板"常用"选项卡中单击"表格"按钮，在弹出的"表格"对话框中进行设置，如图 6-71 所示，单击"确定"按钮，保持表格的选取状态，在"属性"面板"对齐"选项的下拉列表中选择"居中对齐"选项，效果如图 6-72 所示。

图 6-70

图 6-71

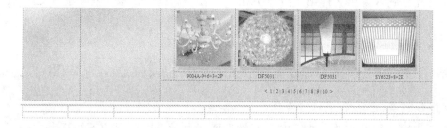

图 6-72

（3）选中第 1 行的所有单元格，如图 6-73 所示。单击"属性"面板中的"合并所有单元格，使用跨度"按钮，将所选单元格合并，在"属性"面板"水平"选项的下拉列表中选择"居中对齐"选项，将"高"选项设为 30，"背景颜色"选项设为灰色（#a1a1a1），效果如图 6-74 所示。

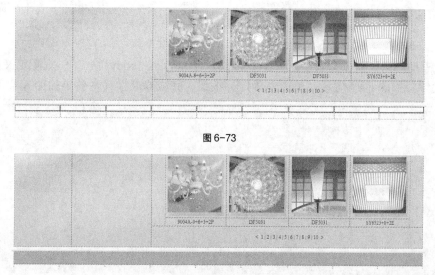

图 6-73

图 6-74

（4）将光标置入到第 1 行单元格中，输入文字，如图 6-75 所示，在"属性"面板中进行设置，如图 6-76 所示。单元格效果如图 6-77 所示。

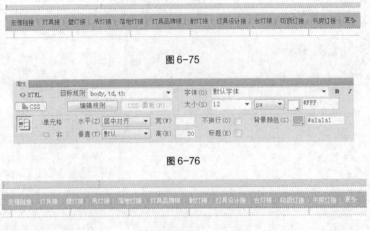

图 6-75

图 6-76

图 6-77

（5）将光标置入到第 2 行第 1 列单元格中，在"属性"面板中将"宽"选项设为 220。用相同的方法设置第 2 列、第 4 列、第 6 列、第 8 列单元格的宽为 20，第 3 列、第 5 列、第 7 列、第 9 列单元格的宽为 180，效果如图 6-78 所示。

图 6-78

（6）选中第 2 行所有单元格，在"属性"面板"垂直"选项的下拉列表中选择"顶端"选项。将光标置入到第 2 行第 1 列单元格中，按 Shift+Enter 快捷键，将光标切换到下一行，输入文字，如图 6-79 所示。用相同的方法输入其他文字，效果如图 6-80 所示。

图 6-79　　　　　　　　　　　　　　　　　　　図 6-80

（7）在"CSS"面板中双击"body"样式，在弹出的"body 的 CSS 规则定义"对话框中进行设置，如图 6-81 所示，单击"确定"按钮，完成修改样式，效果如图 6-82 所示。

图 6-81

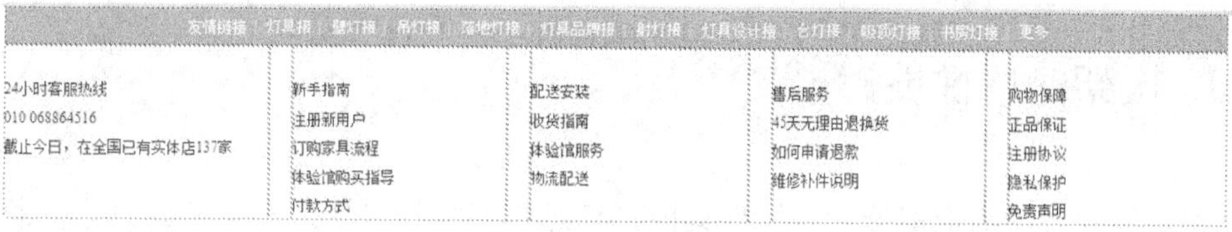

图 6-82

（8）选中如图 6-83 所示的文字，在"属性"面板中单击"粗体"按钮 **B**，其他选项的设置如图 6-84 所示。

图 6-83

图 6-84

（9）将光标置入到第 2 行第 2 列单元格中，在"插入"面板"常用"选项卡中单击"图像"按钮，在弹出的"选择图像源文件"对话框中选择光盘"Ch06 > 素材 > 时尚灯具网页 > images"文件夹中的"img_31.png"，单击"确定"按钮完成图片的插入，如图 6-85 所示。用相同的方法制作出如图 6-86 所示的效果。

图 6-85

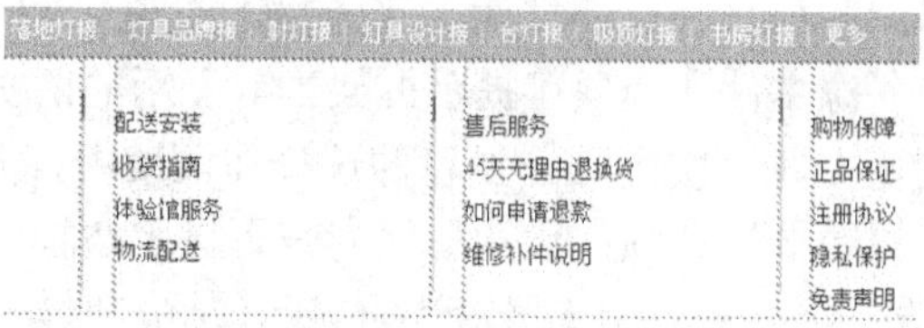

图 6-86

（10）保存文档，按 F12 键预览效果，如图 6-87 所示。

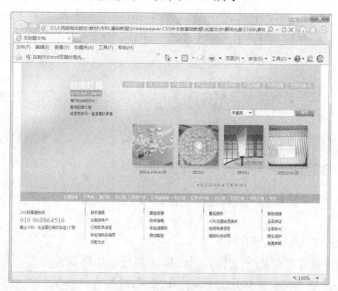

图 6-87

6.2　框架的属性设置

框架是框架集的组成部分，在框架集内，通过框架集的属性来设定框架间边框的颜色、宽度和框架大小等。还可通过框架的属性来设定框架内显示的文件、框架的内容是否滚动、框架在框架集内的缩放等。

6.2.1　框架属性

选中要查看属性的框架，选择"窗口 > 属性"命令，启用"属性"面板，如图 6-88所示。

图 6-88

"属性"面板中的各选项作用如下。

"框架名称"选项：可以为框架命名。框架名称以字母开头，由字母、数字和下划线组成。利用此名称，用户可在设置链接时在"目标"选项中指定打开链接文件的框架。

"源文件"选项：提示框架当前显示的网页文件的名称及路径。还可利用此选项右侧的"浏览文件"按钮 ，浏览并选择在框架中打开的网页文件。

"边框"选项：设置框架内是否显示边框。为框架设置"边框"选项将重写框架集的边框设置。大多数浏览器默认为显示边框，但当父框架集的"边框"选项设置为"否"且共享该边框的框架都将"边框"选项设置为"默认值"时，或共享该边框的所有框架都将"边框"选项设置为"否"时，边框会被隐藏。

"滚动"选项：设置框架内是否显示滚动条，一般设为"默认"。大多数浏览器将"默认"选项认为是"自动"，即只有在浏览器窗口没有足够的空间显示内容时才显示滚动条。

"不能调整大小"选项：设置用户是否可以在浏览器窗口中通过拖曳鼠标手动修改框架的大小。

"边框颜色"选项：设置框架边框的颜色。此颜色应用于与框架接触的所有边框，并重写框架集的颜色设置。

"边界宽度"、"边界高度"选项：以像素为单位设置框架内容和框架边界间的距离。

6.2.2　框架集的属性

选择要查看属性的框架集，然后选择"窗口 > 属性"命令，启用"属性"面板，如图6-89 所示。

"属性"面板中的各选项作用如下。

"边框"选项：设置框架集中是否显示边框。若显示边框则设置为"是"，若不显示边框则设置为"否"，若允许浏览器确定是否显示边框则设置为"默认"。

"边框颜色"选项：设置框架集中所有边框的颜色。

"边框宽度"选项：设置框架集中所有边框的宽度。

"行"或"列"选项：设置选定框架集的各行和各列的框架大小。

图 6-89

"单位"选项：设置"行"或"列"选项的设定值是相对的还是绝对的。它包括以下几个选项值。

（1）"像素"选项：将"行"或"列"选项设定为以像素为单位的绝对值。对于大小始终保持不变的框架而言，此选项值为最佳选择。

（2）"百分比"选项：设置行或列相对于其框架集的总宽度和总高度的百分比。

（3）"相对"选项：在为"像素"和"百分比"分配框架空间后，为选定的行或列分配其余可用空间，此分配是按比例划分的。

6.2.3　框架中的链接

设定框架的目的是将窗口分成固定的几部分，在网页窗口的固定位置显示固定的内容。如在窗口的顶部显示站点 LOGO、导航栏等。通过导航栏的不同链接，在窗口的其他固定位置显示不同的网页内容，这时需要使用框架中的链接。

1. 给每一个框架定义标题

在框架中打开链接文档时，需要通过框架名称来指定文档在浏览器窗口中显示的位置。当建立框架时，系统会给每个框架一个默认名称。对于用户来说，不一定非常明白名称与框架的对应关系。因此可以给每个框架自定义名称，以便明确框架名称代表浏览器窗口的相应位置。具体操作步骤如下。

（1）选择"窗口 > 框架"命令，启用"框架"控制面板，单击要命名的框架边框选择该框架，如图 6-90 所示。

（2）选择"窗口 > 属性"命令，启用"属性"面板，在"框架名称"文本框中输入框架的新名称，如图 6-91 所示。

图 6-90　　　　　　　　　　　　　　　　图 6-91

（3）重复步骤（1）和步骤（2），为不同的框架命名。

2. 创建框架中的链接

（1）选择链接对象。

（2）选择"窗口 > 属性"命令，启用"属性"面板。利用"链接"和"目标"选项，设定链接文件和文件打开的窗口位置，如图 6-92 所示。

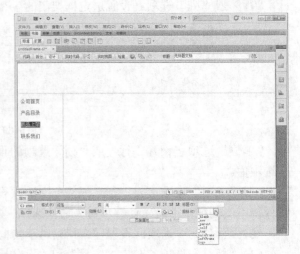

"链接"选项：用于指定链接的源文件。

"目标"选项：用于指定链接文件打开的窗口或框架窗口。它包括"_blank"、"_parent"、"_self"、"_top"

"和具体的框架名称等选项。

"_blank"选项：表示在新的浏览器窗口中打开链接网页。

"_parent"选项：表示在父级框架窗口中或包含该链接的框架窗口中打开链接网页。一般使用框架时才选用此选项。

"_self"选项：是默认选项，表示在当前窗口或框架窗口中打开链接网页。

图 6-92

"_top"选项：表示在整个浏览器窗口中打开链接网页，并删除所有框架。一般使用多级框架时才选用此选项。

具体的框架名称选项用于指定打开链接网页的具体的框架窗口，一般在包含框架的网页中才会出现此选项。

6.2.4　改变框架的背景颜色

通过"页面属性"对话框设置背景颜色的具体操作步骤如下。

（1）将插入点放置在框架中。

（2）选择"修改 > 页面属性"命令，弹出"页面属性"对话框，单击"背景颜色"按钮，在弹出式颜色选择器中选择一种颜色，如图 6-93 所示，单击"确定"按钮完成设置。

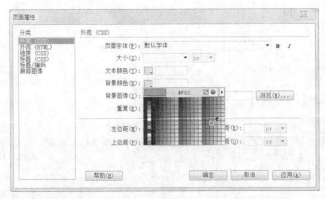

图 6-93

6.2.5　课堂案例——干果批发网页

【案例学习目标】使用"属性"面板为图片添加链接。

【案例知识要点】使用"链接"选项设置链接效果。使用"目标"选项设置框架，如图

6-94 所示。

【效果所在位置】光盘/Ch06/效果/干果批发网页/index.html

（1）选择"文件 > 打开"命令，在弹出的对话框中选择光盘"Ch06 > 素材 > 干果批发网页"文件夹下的"index.html"文件，单击"打开"按钮，效果如图 6-95 所示。

图 6-94　　　　　　　　　　　　　　　　　　图 6-95

（2）选择图片"产品分类"，如图 6-96 所示。单击"属性"面板"链接"选项右侧的"浏览文件"按钮 🗀，弹出"选择文件"对话框，在光盘"Ch06 > 素材 > 干果批发网页"文件夹中选择文件"chanpin.html"，单击"确定"按钮。

（3）在"属性"面板中的"目标"选项的下拉列中选择"_new"，如图 6-97 所示。

图 6-96　　　　　　　　　　　　　　　　　　图 6-97

（4）选择"文件 > 保存全部"命令，保存修改的文档。按 F12 键预览效果，如图 6-98 所示，单击菜单"产品分类"，弹出新的窗口，如图 6-99 所示。

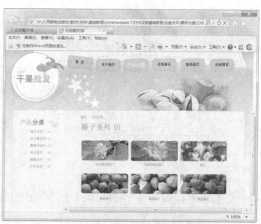

图 6-98　　　　　　　　　　　　　　　　　　图 6-99

6.3 课堂练习——海洋馆网页

【练习知识要点】使用"链接"选项设置链接效果，如图 6-100 所示。

【效果所在位置】光盘/Ch06/效果/海洋馆网页/index.html

图 6-100

6.4 课后习题——献爱心活动中心

【习题知识要点】使用"上方固定"框架制作的网页的结构图效果。使用"属性"面板改变框架的大小。使用"表格"和"图像"按钮插入表格和图像制作完整的框架网页效果，如图 6-101 所示。

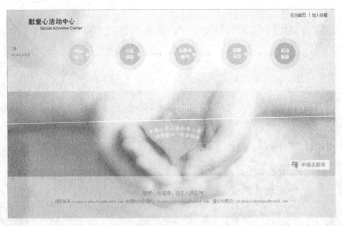

图 6-101

【效果所在位置】光盘/Ch06/效果/献爱心活动中心/index.html

7 Chapter

第 7 章
使用层

如果用户想在网页上实现多个元素重叠的效果，可以使用层。层是网页中的一个区域，并且游离在文档之上。利用层可精确定位和重叠网页元素。通过设置不同层的显示或隐藏，还可实现特殊的效果。因此，在掌握层技术之后，就可以给网页制作提供强大的页面控制能力。

课堂学习目标
- 层的基本操作
- 应用层设计表格

7.1 层的基本操作

层作为网页的容器元素，不仅可在其中放置图像，还可以放置文字、表单、插件、动画等网页元素。在 CSS 层中，用 DIV、SPAN 标签标志层。在 NETSCAPE 层中，用 LAYER 标记标识层。虽然层有强大的页面控制功能，但操作却很简单。

7.1.1　创建层

1．创建一个层

若想利用层来定位网页元素，先要创建一个层，再根据需要在层内插入其他表单元素。有时为了布局，还可以显示或隐藏层边框。

创建层有以下几种方法。

单击"插入"面板"布局"选项卡中的"绘制 AP Div"按钮 。此时，在文档窗口中，鼠标指针呈"+"形。按住鼠标左键拖曳，画出 1 个矩形层，如图 7-1 所示。

将"插入"面板"布局"选项卡中的"绘制 AP Div"按钮 拖曳到文档窗口中，松开鼠标，此时，在文档窗口中出现 1 个矩形层，如图 7-2 所示。

将光标放置到文档窗口中要插入层的位置，选择"插入 > 布局对象 > AP Div"命令，在插入点的位置插入新的矩形层。

单击"插入"面板"布局"选项卡中的"绘制 AP Div"按钮 。此时，在文档窗口中鼠标指针呈"+"形。按住 Ctrl 键的同时按住鼠标左键拖曳鼠标，画出 1 个矩形层。只要不松开 Ctrl 键，就可以继续绘制新的层，如图 7-3 所示。

在默认情况下，每当用户创建一个新的层，都会使用 DIV 标志它，并将层标记显示到网页左上角的位置，如图 7-3 所示。

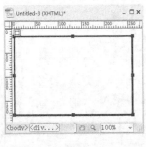
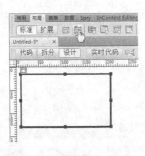
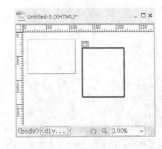

图 7-1　　　　　　　　　　　　图 7-2　　　　　　　　　　　　图 7-3

若要显示层标记，首先选择"查看 > 可视化助理 > 不可见元素"命令，如图 7-4 所示，使"不可见元素"命令呈被选择状态，然后再选择"编辑 > 首选参数"命令，弹出"首选参数"对话框，选择"分类"选项框中的"不可见元素"选项，选择右侧的"AP 元素的锚点"复选框，如图 7-5 所示，单击"确定"按钮完成设置。这时在网页的左上角显示出层标志。

2．显示或隐藏层边框

若要显示或隐藏层边框，可选择"查看 > 可视化助理 > 隐藏所有"命令。

图 7-4   图 7-5

7.1.2 选择层

1. 选择一个层

（1）利用层面板选择一个层。选择"窗口 > AP 元素"命令，弹出"AP 元素"控制面板，如图 7-6 所示。在"AP 元素"控制面板中，单击该层的名称。

（2）在文档窗口中选择一个层，有以下几种方法。

单击一个层的边框。

在一个层中按住 Ctrl+Shift 组合键并单击。

单击一个选择层的选择柄□。如果选择柄□不可见，则可以在该层中的任意位置单击以显示该选择柄。

2. 选定多个层

选择"窗口 >AP 元素"命令，弹出"AP 元素"控制面板。在"AP 元素"控制面板中，按住 Shift 键并单击两个或更多的层名称。

在文档窗口中按住 Shift 键并单击两个或更多个层的边框内（或边框上）。当选定多个层时，当前层的大小调整柄将以蓝色突出显示，其他层的大小调整柄则以白色显示，如图 7-7 所示，并且只能对当前层进行操作。

图 7-6   图 7-7

7.1.3 设置层的默认属性

当层插入后，其属性为默认值，如果想查看或修改层的属性，选择"编辑 > 首选参数"命令，弹出"首选参数"对话框，在"分类"选项列表中选择"AP 元素"选项。此时，可查看或修改层的默认属性，如图7-8所示。

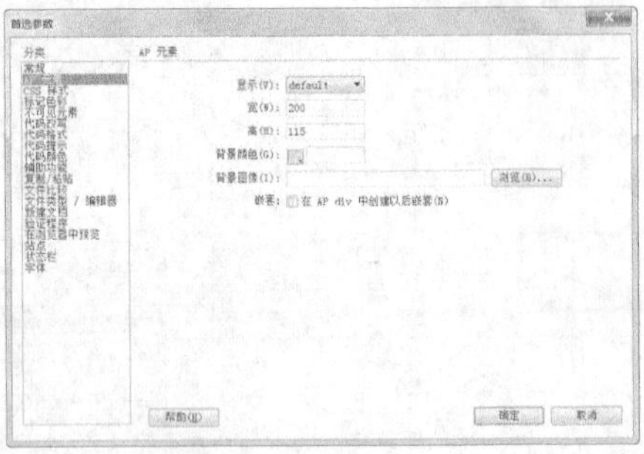

"显示"选项：设置层的初始显示状态。此选项的下拉列表中包含以下几个选项。

（1）"default"选项：默认值，一般情况下，大多数浏览器都会默认为"inherit"。

（2）"inherit"选项：继承父级层的显示属性。

（3）"visible"选项：表示不管父级层是什么都显示层的内容。

（4）"hidden"选项：表示不管父级层是什么都隐藏层的内容。

图7-8

"宽"和"高"选项：定义层的默认大小。

"背景颜色"选项：设置层的默认背景颜色。

"背景图像"选项：设置层的默认背景图像。单击右侧的"浏览"按钮 浏览(B)... 选择背景图像文件。

"嵌套"选项：设置在层出现重叠时，是否采用嵌套方式。

7.1.4　AP元素面板

通过"AP元素"控制面板可以管理网页文档中的层。选择"窗口 > AP元素"命令，启用"AP元素"控制面板，如图7-9所示。

使用"AP元素"控制面板可以防止层重叠，更改层的可见性，将层嵌套或层叠，以及选择一个或多个层。

图7-9

7.1.5　更改层的堆叠顺序

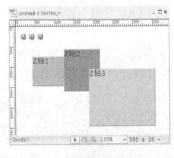

图7-10

排版时常需要控制叠放在一起的不同网页元素的显示顺序，以实现特殊的效果，这可通过修改选定层的"Z轴"属性值实现。

层的显示顺序与Z轴值的顺序一致。Z值越大，层的位置越靠上前。在"AP元素"控制面板中按照堆叠顺序排列层的名称，如图7-10所示。

1. 在"AP元素"控制面板中更改层的堆叠顺序

（1）选择"窗口 > AP元素"命令，启用"AP元素"控制面板。

（2）在"AP元素"控制面板中，将层向上或向下拖曳至所需的堆叠位置。

2. 在"属性"面板中更改层的堆叠顺序

（1）选择"窗口 > AP元素"命令，启用"AP元素"控制面板。

（2）在"AP元素"控制面板或文档窗口中选择一个层。

（3）在"属性"面板的"Z轴"选项中输入一个更高或更低的编号，使当前层沿着堆叠顺序向上或向下移动，效果如图7-11所示。

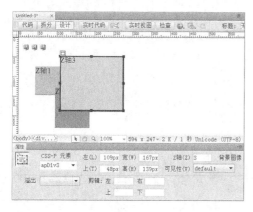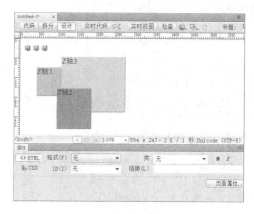

调整前　　　　　　　　　　　　　　　　　调整后

图 7-11

7.1.6　更改层的可见性

当处理文档时，可以使用"AP 元素"控制面板手动设置显示或隐藏层，以便查看层在不同条件下的显示方式。更改层的可见性，有以下几种方法。

1．使用"AP 元素"控制面板更改层的可见性

选择"窗口 > AP 元素"命令，启用"AP 元素"控制面板。在层的眼形图标  内单击，可以更改其可见性，如图 7-12 所示。眼睛睁开表示该层是可见的，眼睛闭合表示该层是不可见的。如果没有眼形图标，该层通常会继承其父级的可见性。如果层没有嵌套，父级就是文档正文，而文档正文始终是可见的，因此层默认是可见的。

图 7-12

2．使用"属性"面板更改层的可见性

选择一个或多个层，然后修改"属性"面板中的"可见性"选项。当选择"visible"选项时，则无论父级层如何设置都显示层的内容；当选择"hidden"选项时，则无论父级层如何设置都隐藏层的内容；当选择"inherit"选项时，则继承父级层的显示属性，若父级层可见则显示该层，若父级层不可见则隐藏该层。

 提示

当前选定层总是可见的，它在被选定时会出现在其他层的前面。

7.1.7　调整层的大小

可以调整单个层的大小，也可以同时调整多个层的大小以使它们具有相同的宽度和高度。

1．调整单个层的大小

选择一个层后，调整层的大小有以下几种方法。

应用鼠标拖曳方式。拖曳该层边框上的任一调整柄到合适的位置。

应用键盘方式。同时按键盘上的方向键和 Ctrl 键可调整一个像素的大小。

应用网格靠齐方式。同时按键盘上的方向键和 Shift+Ctrl 组合键可按网格靠齐增量来调

整大小。

应用修改属性值方式。在"属性"面板中，修改"宽"选项和"高"选项的数值。

提示

调整层的大小会更改该层的宽度和高度，并不定义该层内容和可见性。

2. 同时调整多个层的大小

选择多个层后，要同时调整多个层的大小，有以下几种方法。

（1）应用菜单命令。选择"修改 > 排列顺序 > 设成宽度相同"命令或"修改 > 排列顺序 > 设成高度相同"命令。

（2）应用快捷键。按 Ctrl+Shift+7 或 Ctrl+Shift+9 快捷键，则以当前层为标准同时调整多个层的宽度或高度。

提示

以当前层为基准，如图 7-13 所示。

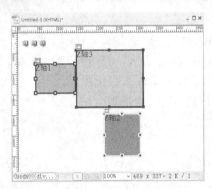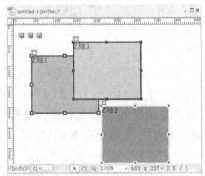

图 7-13

应用修改属性值方式。选择多个层，然后在"属性"面板中修改"宽"文本框和"高"文本框的数值。

7.1.8 移动层

移动层的操作非常简单，可以按照在大多数图形应用程序中移动对象的相同方法在"设计"视图中移动层。移动一个或多个选定层有以下几种方法。

1. 拖曳选择柄来移动层

先在"设计"视图中选择一个或多个层，然后拖曳当前层（蓝色突出显示）的选择柄□，以移动选定层的位置，如图 7-14 所示。

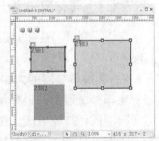

2. 移动一个像素来移动层

先在"设计"视图中选择一个或多个层，然后按住 Shift 键的同时按方向键，则按当前网格靠齐增量来移动选定层的位置。

图 7-14

提示

如果已启用"AP 元素"控制面板中的"防止重叠"选项，那么在移动层时将无法使层相互重叠。

7.1.9　对齐层

使用层对齐命令可以当前层的边框为基准对齐一个或多个层。当对选定层进行对齐时，未选定的子层可能会因为其父层被选定并移动而随之移动。为了避免这种情况，不要使用嵌套层。对齐两个或更多个层有以下几种方法。

1.　应用菜单命令对齐层

在文档窗口中选择多个层，然后选择"修改 > 排列顺序"命令，在其子菜单中选择一个对齐选项。如选择"上对齐"选项，则所有层都会按当前层进行上对齐，如图 7-15 所示。

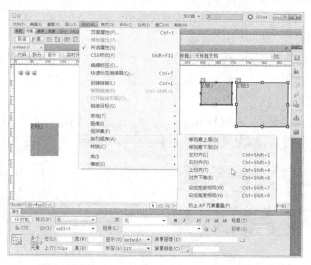

图 7-15

提示

对齐以当前层（蓝色突出显示）为基准。

2.　应用"属性"面板对齐层

在文档窗口中选择多个层，然后在"属性"面板的"上"选项中输入具体数值，则以多个层的上边线相对于页面顶部的位置来对齐，如图 7-16 所示。

7.1.10　层靠齐到网格

在移动网页元素时可以让其自动靠齐到网格，还可以通过指定网格设置来更改网格或控制靠齐行为。无论网格是否可见，都可以使用靠齐。

应用 Dreamweaver CS5 中的靠齐功能，可以使层与网格之间的关系如铁块与磁铁之间的关系一般。另外，层与网格线之间靠齐的距离是可以设定的。

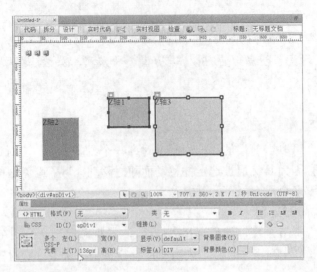

图 7-16

1. 层靠齐到网格

选择"查看 > 网格设置 > 靠齐到网格"命令，选择一个层并拖曳它，当拖曳它靠近网格线一定距离时，该层会自动跳到最近的靠齐位置，如图 7-17 所示。

2. 更改网格设置

选择"查看 > 网格设置 > 网格设置"命令，弹出"网格设置"对话框，如图 7-18 所示，根据需要完成设置后，单击"确定"按钮。

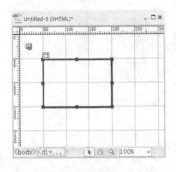

图 7-17

图 7-18

"网格设置"对话框中各选项的作用如下。

"颜色"选项：设置网格线的颜色。

"显示网格"选项：使网格在文档窗口的"设计"视图中可见。

"靠齐到网格"选项：使页面元素靠齐到网格线。

"间隔"选项：设置网格线的间距。

"显示"选项组：设置网格线是显示为线条还是显示为点。

7.1.11 课堂案例——手机导航网页

【案例学习目标】使用"插入"面板布局选项卡中的按钮绘制层。使用"AP 元素"面板选择层。

【案例知识要点】使用绘制"AP Div"按钮绘制层。使用"AP 元素"控制面板选择层，如图 7-19 所示。

【效果所在位置】光盘/Ch07/效果/手机导航网页/index.html

图 7-19

1. 创建图层并插入文字和图像

（1）选择"文件 > 打开"命令，在弹出的对话框中选择"Ch07 > 素材 > 手机导航网页 > index.html"文件，单击"打开"按钮，效果如图 7-20 所示。

（2）单击"插入"面板"布局"选项卡上的"绘制 AP Div"按钮 ，在页面中拖曳鼠标指针绘制出一个矩形层，如图 7-21 所示。

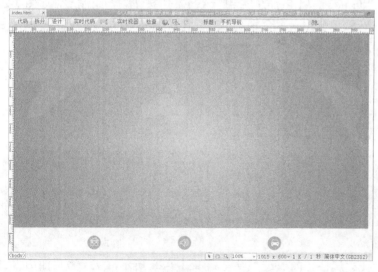

图 7-20

图 7-21

（3）单击图层的控制点，选中层，如图 7-22 所示，在"属性"面板中设置大小和位置，如图 7-23 所示，将光标置入到层中，如图 7-24 所示。单击"插入"面板"常用"选项卡中的"图像"按钮 ，弹出"选择图像源文件"对话框，选择光盘"Ch07 > 素材 > 手机导航网页 > images"文件夹中的"img_03.png"文件，单击"确定"按钮完成图片的插入，效果如图 7-25 所示。

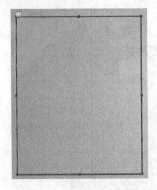

图 7-22

图 7-23

图 7-24

图 7-25

（4）单击"插入"面板"布局"选项卡上的"绘制 AP Div"按钮，绘制层，如图 7-26 所示。将光标置入到层中，按 Shift+Enter 组合键，将光标切换到下一行，输入文字"{专业导航 众人之选}"，如图 7-27 所示。

图 7-26

图 7-27

（5）选中输入的文字，在"属性"面板进行设置，如图 7-28 所示，文字效果如图 7-29 所示。

图 7-28

图 7-29

2. 同时绘制层并对齐层

（1）单击"插入"面板"布局"选项卡上的"绘制 AP Div"按钮，按住 Ctrl 键的同时，分别在页面中绘制两个层，效果如图 7-30 所示。

（2）选择"窗口 > AP 元素"命令，弹出"AP 元素"面板，按住 Shift 的同时，选中"apDiv3"和"apDiv4"，如图 7-31 所示。文档窗口中相应的图层被选中，效果如图 7-32 所示。选择"修改 > 排列顺序 > 左对齐"命令，选中的层左对齐显示，效果如图 7-33 所示。

图 7-30

图 7-31

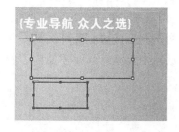

图 7-32

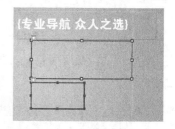

图 7-33

（3）将光标置入到如图 7-34 所示的层中，输入文字，如图 7-35 所示。选中输入的文字，在"属性"面板中进行设置，如图 7-36 所示，效果如图 7-37 所示。

（4）将光盘"Ch07 > 素材 > 沐浴产品网页 > images"文件夹中的图片"img_06.png"插入到图层中，效果如图 7-38 所示。

（5）保存文档，按 F12 键预览效果，如图 7-39 所示。

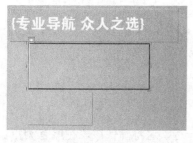

图 7-34

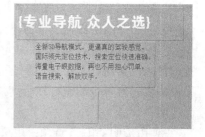

图 7-35

图 7-36

图 7-37

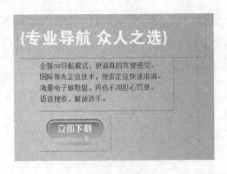

图 7-38　　　　　　　　　　　　　　　　　　图 7-39

7.2 应用层设计表格

有时为了实现较复杂的效果，需要将早期使用表格布局的网页转换成层，有时又需要将层布局网页转换为表格，以在早期不支持层布局网页显示的浏览器中显示，因而下面内容将讲解层与表格之间的转换方法。

7.2.1　将 AP Div 转换为表格

1. 将 AP Div 转换为表格

如果就要在较早的浏览器中查看，那么就需要将 AP Div 转换为表格。要将 AP Div 转换为表格，先选择"修改 > 转换 > 将 AP Div 转换为表格"命令，弹出"将 AP Div 转换为表格"对话框，如图 7-40 所示。根据需要完成设置后，单击"确定"按钮。

"将 AP Div 转换为表格"对话框中各选项的作用如下。

"表格布局"选项组，如下。

"最精确"选项：为每个层创建一个单元格，并附加保留层之间的空间所必需的任何单元格。

"最小"选项：折叠空白单元格设置。如果层定位在设置数目的像素内，则层的边缘应对齐。如果选择此选项，结果表格将包含较少的空行和空列，但可能不能与页面布局精确匹配。

图 7-40

"使用透明 GIFs"选项：用透明的 GIF 填充表的最后一行，这将确保该表在所有浏览器中以相同的列宽显示。但当启用此选项后，不能通过拖曳表列来编辑结果表格。当禁用此选项后，结果表格将不包含透明 GIF，但在不同的浏览器中可能会出现不同的列宽。

"置于页面中央"选项：将结果表格放置在页面的中央。如果禁用此选项，表格将与页面的左边缘对齐。

"布局工具"选项组，如下。

"防止重叠"选项：Dreamweaver CS5 无法从重叠层创建表格，所以一般选择此复选框，防止层重叠。

　　"显示 AP 元素面板"选项：设置是否显示层属性面板。

　　"显示网格"选项：设置是否显示辅助定位的网格。

　　"靠齐到网格"选项：设置是否启用靠齐到网格功能。

2. 防止层重叠

　　因为表单元格不能重叠，所以 Dreamweaver CS5 无法从重叠层创建表格。如果要将一个文档中的层转换为表格以兼容 IE 3.0 浏览器，则选择"防止重叠"选项来约束层的移动和定位，使层不会重叠。防止层重叠有以下几种方法。

　　选择"AP 元素"控制面板中的"防止重叠"复选框，如图 7-41 所示。

　　选择"修改 > 排列顺序 > 防止 AP 元素重叠"命令，如图 7-42 所示。

图 7-41

图 7-42

 提示

启用"防止重叠"选项后，Dreamweaver CS5 不会自动修正页面上现有的重叠层，需要在"设计"视图中手工拖曳各重叠层，以使其分离。即使选择了"防止重叠"选项，有某些操作也会导致层重叠。例如，使用"插入"菜单插入一个层，在属性检查器中输入数字，或者通过编辑 HTML 源代码来重定位层，这些操作都会导致层重叠。此时，需要在"设计"视图中手动拖曳各重叠层，以使其分离。

7.2.2　将表格转换为 AP Div

　　当不满意页面布局时，就需要对其进行调整，但层布局要比表格布局调整起来方便，所以需要将表格转换为 AP Div。要将表格转换为 AP Div，则选择"修改 > 转换 > 将表格转换为 AP Div"命令，弹出"将表格转换为 AP Div"对话框，如图 7-43 所示。根据需要完成设置后，单击"确定"按钮。

　　"将表格转换为 AP Div"对话框中各选项的作用如下。

图 7-43

"防止重叠"选项：用于防止 AP 元素重叠。

"显示 AP 元素面板"选项：设置是否显示"AP 元素"控制面板。

"显示网格"选项：设置是否显示辅助定位的网格。

"靠齐到网格"选项：设置是否启用"靠齐到网格"功能。

一般情况下，空白单元格不会转换为 AP Div，但具有背景颜色的空白单元格除外。将表格转换为 AP Div 时，位于表格外的页面元素也会被放入层中。

 提示

不能转换单个表格或层，只能将整个网页的层转换为表格或将整个网页的表格转换为层。

7.2.3 课堂案例——化妆公司网页

【案例学习目标】使用"将 AP Div 转换为表格"命令将层转换为表格。

【案例知识要点】使用"将 AP Div 转换为表格"命令将层转换为表格，重新排列页面元素，如图 7-44 所示。

【效果所在位置】光盘/Ch07/效果/化妆公司网页/index.html

（1）选择"文件 > 打开"命令，在弹出的对话框中选择"Ch07 > 素材 > 化妆公司网页 > index.html"文件，单击"打开"按钮，效果如图 7-45 所示。

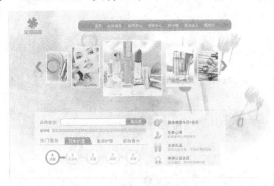

图 7-44　　　　　　　　　　　　　　　　图 7-45

（2）选择"修改 > 转换 > 将 AP Div 转换为表格"命令，弹出"将 AP Div 转换为表格"对话框，在弹出的对话框中进行设置，如图 7-46 所示，单击"确定"按钮，层转换为表格，效果如图 7-47 所示。

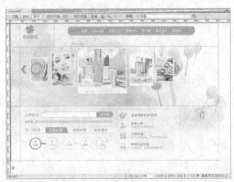

图 7-46　　　　　　　　　　　　　　　　图 7-47

（3）保存文档，按 F12 键预览效果，如图 7-48 所示。

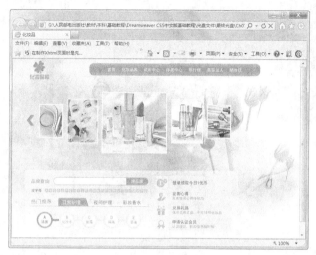

图 7-48

7.3 课堂练习——鲜花速递网页

【练习知识要点】使用"层"和"属性"面板制作阴影文字效果，如图 7-49 所示。
【效果所在位置】光盘/Ch07/效果/鲜花速递网页/index.html

图 7-49

7.4 课后习题——时尚前沿网页

【习题知识要点】使用"页面属性"命令设置背景图像。使用层制作图像叠加效果，如图 7-50 所示。
【效果所在位置】光盘/Ch07/效果/时尚前沿网页/index.html

图 7-50

8 Chapter

第8章
CSS 样式

层叠样式表（CSS）是 W3C 组织新近批准的一个辅助 HTML 设计的新特性，能保持整个 HTML 的统一外观。网页样式表的功能强大、操作灵活，用 CSS 改变一个文件就可以改变数百个文件的外观，而且个性化的表现更能吸引访问者。

课堂学习目标
- 了解 CSS 样式的概念
- 掌握 CSS 样式的面板及类型
- 熟练掌握按照 CSS 的类型来创建和应用多种样式的方法
- 了解编辑样式的几种方法
- 掌握 CSS 属性的多种分类
- 了解过滤器的使用方法

8.1 CSS 样式的概念

CSS 是 Cascading Style Sheet 的缩写，一般译为"层叠样式表"或"级联样式表"。层叠样式表是对 HTML3.2 之前版本语法的变革，将某些 HTML 标签属性简化。如要将一段文字的大小变成 36 像素，在 HTML3.2 中写成"\<p\>\<font size="36"\>文字的大小\</font\>\</p\>"，标签的层层嵌套使 HTML 程序臃肿不堪，而用层叠样式表可简化 HTML 标签属性，写成"\<p style="font-size:36px"\>文字的大小\</p\>"即可。

层叠样式表是 HTML 的一部分，它将对象引入到 HTML 中，可以通过脚本程序调用和改变对象的属性，从而产生动态效果。例如，当鼠标指针放到文字上时，文字的字号变大，用层叠样式表写成"\<p onMouseOver="className='aa'"\>动态文字\</p\>"即可。

8.2 CSS 样式

层作为网页的容器元素，不仅可在其中放置图像，还可以放置文字、表单、插件、层等网页元素。在 CSS 层中，用 DIV、SPAN 标签标志层。在 NETSCAPE 层中，用 LAYER 标签标志层。虽然层有强大的页面控制功能，但操作却很简单。

8.2.1 "CSS 样式"控制面板

使用"CSS 样式"控制面板可以创建、编辑和删除 CSS 样式，并且可以将外部样式表附加到文档中。

1. 打开"CSS 样式"控制面板

启用"CSS 样式"控制面板有以下 2 种方法。

选择"窗口 > CSS 样式"命令。

按 Shift+F11 快捷键。

"CSS 样式"控制面板如图 8-1 所示，它由样式列表和底部的按钮组成。样式列表用于查看与当前文档相关联的样式定义以及样式的层次结构。"CSS 样式"控制面板可以显示自定义 CSS 样式、重定义的 HTML 标签和 CSS 选择器样式的样式定义。

"CSS 样式"控制面板底部共有 4 个快捷按钮，它们分别为"附加样式表"按钮 ![] 、"新建 CSS 规则"按钮 ![] 、"编辑样式"按钮 ![] 、"删除 CSS 规则"按钮 ![] ，它们的含义如下。

图 8-1

（1）"附加样式表"按钮 ![] ：用于将创建的任何样式表附加到页面或复制到站点中。

（2）"新建 CSS 规则"按钮 ![] ：用于创建自定义 CSS 样式、重定义的 HTML 标签和 CSS 选择器样式。

（3）"编辑样式"按钮 ![] ：用于编辑当前文档或外部样式表中的任何样式。

（4）"删除 CSS 规则"按钮 ![] ：用于删除"CSS 样式"控制面板中所选的样式，并从应用该样式的所有元素中删除格式。

2. 样式表的功能

层叠样式表是 HTML 格式的代码，浏览器处理起来速度比较快。另外，Deamweaver CS5 提供功能复杂、使用方便的层叠样式表，方便网站设计师制作个性化网页。样式表的功能归纳如下。

（1）灵活地控制网页中文字的字体、颜色、大小、位置和间距等。

（2）方便地为网页中的元素设置不同的背景颜色和背景图片。

（3）精确地控制网页各元素的位置。

（4）为文字或图片设置滤镜效果。

（5）与脚本语言结合制作动态效果。

8.2.2 CSS 样式的类型

层叠样式表是一系列格式规则，它们控制网页各元素的定位和外观，实现 HTML 无法实现的效果。在 Deamweaver CS5 中可以运用的样式分为重定义 HTML 标签样式、自定义样式、使用 CSS 选择器 3 类。

1. 重定义 HTML 标签样式

重定义 HTML 标签样式是对某一 HTML 标签的默认格式进行重定义，从而使网页中的所有该标签的样式都自动跟着变化。例如，重新定义表格的边框线是红色中粗线，则页面中所有表格的边框都会自动被修改。原来表格的效果如图 8-2 所示，重定义 table 标签后的效果如图 8-3 所示。

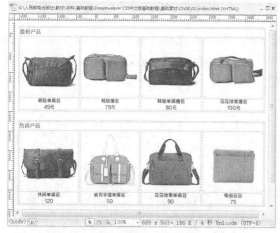

图 8-2

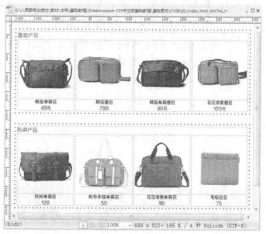

图 8-3

2. CSS 选择器样式

使用 CSS 选择器对用 ID 属性定义的特定标签应用样式。一般网页中某些特定的网页元素可使用 CSS 选择器定义样式。例如，设置 ID 为 HH，背景色设为黄色（#FC0），如图 8-4 所示。

3. 自定义样式

先定义一个样式，然后选择不同的网页元素应用此样式。一般情况下，自定义样式与脚本程序配合改变对象的属性，从而产生动态效果。例如，多个表格的标题行的背景色均设置为蓝色，如图 8-5 所示。

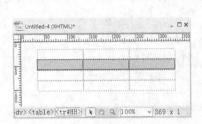

图 8-4

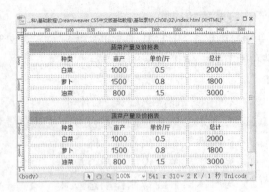

图 8-5

8.3 样式的类型与创建

样式表是一系列格式规则，必须先定义这些规则，然后将它们应用于相应的网页元素中。下面按照 CSS 的类型来创建和应用样式。

8.3.1 创建重定义 HTML 标签样式

当重新定义某 HTML 标签默认格式后，网页中的该 HTML 标签元素都会自动变化。因此，当需要修改网页中某 HTML 标签的所有样式时，只需重新定义该 HTML 标签样式即可。

1. 启用新建 CSS 规则对话框

启用如图 8-6 所示的"新建 CSS 规则"对话框，有以下几种方法。

启用"CSS 样式"控制面板，单击面板右下方区域中的"新建 CSS 规则"按钮 。

在"设计"视图状态下，在文档窗口中单击鼠标右键，在弹出式菜单中选择"CSS 样式>新建"命令，如图 8-7 所示。

图 8-6

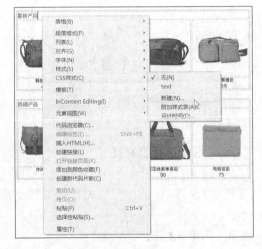

图 8-7

单击"CSS 样式"控制面板右上方的菜单按钮 ，在弹出菜单中选择"新建"命令，如图 8-8 所示。

选择"文本 > CSS 样式 > 新建"命令。

在"CSS 样式"控制面板中单击鼠标右键，选择"新建"选项，如图 8-9 所示。

图 8-8　　　　　　　　　　　　　　　图 8-9

2. 重新定义 HTML 标签样式

（1）将插入点放在文档中，启用"新建 CSS 规则"对话框。

（2）先在"选择器类型"选项组中选择"标签（重新定义 HTML 元素）"选项；然后在"选择器名称"选项的下拉列表中选择要更改的 HTML 标签，如图 8-10 所示；最后在"规则定义"下拉列表中选择定义样式的位置，如果不创建外部样式表，则选择"仅对该文档"单选项。单击"确定"按钮，弹出"h1 的 CSS 规则定义"对话框，如图 8-11 所示。

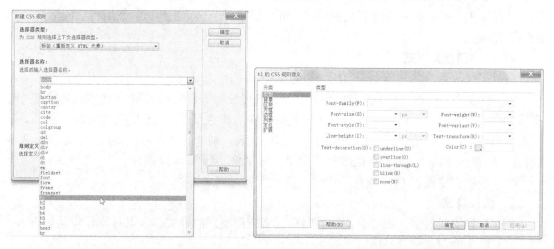

图 8-10　　　　　　　　　　　　　　　图 8-11

（3）根据需要设置 CSS 属性，单击"确定"按钮完成设置。

8.3.2　创建 CSS 选择器

若要为具体某个标签组合或所有包含特定 Id 属性的标签定义格式，只需创建 CSS 选择器而无需应用。一般情况下，利用创建 CSS 选择器的方式设置链接文本的 4 种状态，它们分别为鼠标指针点击时的状态"a:active"、鼠标指针经过时的状态"a:hover"、未点击时的状

态 "a:link" 和已访问过的状态 "a:visited"。

若重定义链接文本的状态，则需创建 CSS 选择器，其具体操作步骤如下。

（1）将插入点放在文档中，启用 "新建 CSS 规则" 对话框。

（2）先在 "选择器类型" 选项组中选择 "复合内容（基于选择的内容）" 单选项；然后在 "选择器名称" 选项的下拉列表中选择要重新定义链接文本的状态，如图 8-12 所示；最后在 "规则定义" 下拉列表中选择定义样式的位置，如果不创建外部样式表，则选择 "仅对该文档" 单选项。单击 "确定" 按钮，弹出 "a:hover 的 CSS 规则定义" 对话框，如图 8-13 所示。

图 8-12   图 8-13

（3）根据需要设置 CSS 属性，单击 "确定" 按钮完成设置。

8.3.3　创建和应用自定义样式

若要为不同网页元素设定相同的格式，可先创建一个自定义样式，然后将它应用到文档的网页元素上。

1．创建自定义样式

（1）将插入点放在文档中，启用 "新建 CSS 规则" 对话框。

（2）先在 "选择器类型" 选项组中选择 "类（可应用于任何标签）" 单选项；然后在 "选择器名称" 选项的文本框中输入自定义样式的名称，如 ".text1"；最后在 "规则定义" 下拉列表中选择定义样式的位置，如果不创建外部样式表，则选择 "仅对该文档" 单选项。单击 "确定" 按钮，弹出 ".text1 的 CSS 规则定义" 对话框，如图 8-14 所示。

（3）根据需要设置 CSS 属性，单击 "确定" 按钮完成设置。

2．应用样式

创建自定义样式后，还要为不同的网页元素应用不同的样式，其具体操作步骤如下。

（1）在文档窗口中选择网页元素。

（2）在文档窗口左下方的标签 ⟨ₚ⟩ 上单击鼠标右键，在弹出的菜单中选择 "设置类 > text1" 命令，如图 8-15 所示，此时该网页元素应用样式修改了外观。若想撤销应用的样式，则在文档窗口左下方的标签上单击鼠标右键，在弹出的菜单中选择 "设置类 > 无" 命令即可。

8.3.4　创建和引用外部样式

如果不同网页的不同网页元素需要使用同一样式时，可通过引用外部样式来实现。首先创建一个外部样式，然后在不同网页的不同 HTML 元素中引用定义好的外部样式。

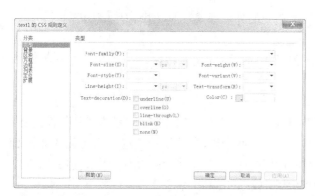

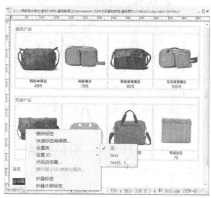

图 8-14　　　　　　　　　　　　　　　　　　　图 8-15

1．创建外部样式

（1）启用"新建 CSS 规则"对话框。

（2）在"新建 CSS 规则"对话框的"规则定义"下拉列表中选择"（新建样式表文件）"选项，在"选择器名称"选项的文本框中输入名称，如图 8-16 所示。单击"确定"按钮，弹出"将样式表文件另存为"对话框，在"文件名"文本框中输入自定义的样式文件名，如图 8-17 所示。

图 8-16　　　　　　　　　　　　　　　　　　　图 8-17

（3）单击"确定"按钮，弹出如图 8-18 所示的".pic 的 CSS 规则定义（在 style.css 中）"对话框。根据需要设置 CSS 属性，单击"确定"按钮完成设置。刚创建的外部样式会出现在"CSS 样式"控制面板的样式列表中，如图 8-19 所示。

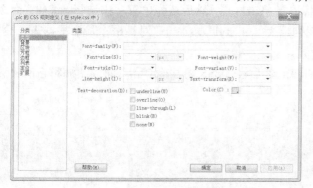

图 8-18　　　　　　　　　　　　　　　　　　　图 8-19

2. 引用外部样式

不同网页的不同 HTML 元素可以引用相同的外部样式，具体操作步骤如下。

（1）在文档窗口中选择网页元素。

（2）单击"CSS 样式"控制面板下部的"附加样式表"按钮，弹出"链接外部样式表"对话框，如图 8-20 所示。

对话框中各选项的作用如下。

"文件/URL"选项：直接输入外部样式文件名，或单击"浏览"按钮选择外部样式文件。

"添加为"选项组：包括"链接"和"导入"两个选项。"链接"选项表示传递外部 CSS 样式信息而不将其导入网页文档，在页面代码中生成<link>标签。"导入"选项表示将外部 CSS 样式信息导入网页文档，在页面代码中生成<@Import>标签。

（3）在对话框中根据需要设定参数，单击"确定"按钮完成设置。此时，引用的外部样式会出现在"CSS 样式"控制面板的样式列表中，如图 8-21 所示。

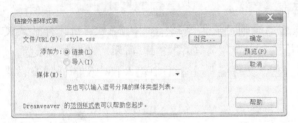

图 8-20

图 8-21

8.4 编辑样式

网站设计者有时需要修改应用于文档的内部样式和外部样式，如果修改内部样式，则会自动重新设置受它控制的所有 HTML 对象的格式；如果修改外部样式文件，则自动重新设置与它链接的所有 HTML 文档。

编辑样式有以下几种方法。

先在"CSS 样式"控制面板中单击选中某样式，然后单击位于面板底部的"编辑样式"按钮，弹出如图 8-22 所示的".pic 的 CSS 规则定义（在 style.css 中）"对话框。根据需要设置 CSS 属性，单击"确定"按钮完成设置。

在"CSS 样式"控制面板中用鼠标右键单击样式，然后从弹出菜单中选择"编辑"命令，如图 8-23 所示，弹出".pic 的 CSS 规则定义（在 style.css 中）"对话框，最后根据需要设置 CSS 属性，单击"确定"按钮完成设置。

在"CSS 样式"控制面板中选择样式，然后在"CSS 属性检查器"面板中编辑它的属性，如图 8-24 所示。

8.5 CSS 的属性

CSS 样式可以控制网页元素的外观，如定义字体、颜色、边距等，这些都是通过设置

CSS 样式的属性来实现。CSS 样式属性有很多种分类，包括"类型"、"背景"、"区块"、"方框"、"边框"、"列表"、"定位"、"扩展" 8 个分类，分别设定不同网页元素的外观。下面分别进行介绍。

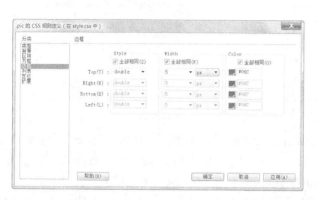

图 8-22   图 8-23   图 8-24

8.5.1 类型

"类型"分类主要是定义网页中文字的字体、字号、颜色等，"类型"选项面板如图 8-25 所示。

"类型"面板包括以下 9 种 CSS 属性。

"Font-family（字体）"选项：为文字设置字体。一般情况下，使用用户系统上安装的字体系列中的第一种字体显示文本。用户可以手动编辑字体列表，首先单击"Font-family"选项右侧的下拉列表选择"编辑字体列表"选项，如图 8-26 所示，弹出"编辑字体列表"对话框，如图 8-27 所示。然后在"可用字体"选项框中双击欲选字体，使其出现在"字体列表"选项框中，单击"确定"按钮完成"编辑字体列表"的设置。最后再单击"字体"选项右侧的下拉列表，选择刚刚编辑的字体，如图 8-28 所示。

图 8-25   图 8-26

"Font-size（大小）"选项：定义文本的大小。在选项右侧的下拉列表中选择具体数值和度量单位。一般以像素为单位，因为它可以有效地防止浏览器破坏文本的显示效果。

"Font-style（样式）"选项：指定字体的风格为"normal（正常）"、"italic（斜体）"或"oblique（偏斜体）"。默认设置是"normal（正常）"。

"Line-height（行高）"选项：设置文本所在行的行高度。在选项右侧的下拉列表中选择具体数值和度量单位。若选择"normal（正常）"选项则自动计算字体大小以适应行高。

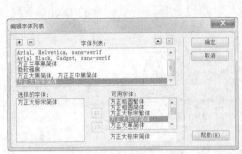

图 8-27   图 8-28

"Text-decoration（修饰）"选项组：控制链接文本的显示形态，包括"underline（下划线）"、"upline（上划线）"、"overline（删除线）"、"blink（闪烁）"和"none（无）"5 个选项。正常文本的默认设置是"none（无）"，链接的默认设置是"underline（下划线）"。

"Font-weight（粗细）"选项：为字体设置粗细效果。它包含"normal（正常）"、"bold（粗体）"、"bolder（特粗）"、"lighter（细体）"和具体粗细值多个选项。通常"normal（正常）"选项等于 400 像素，"bold（粗体）"选项等于 700 像素。

"Font-variant（变体）"选项：将正常文本缩小一半尺寸后大写显示，IE 浏览器不支持该选项。Dreamweaver CS5 不在文档窗口中显示该选项。

"Text-transform（大小写）"选项：将选定内容中的每个单词的首字母大写，或将文本设置为全部大写或小写。它包括"capitalize（首字母大写）"、"uppercase（大写）"、"lowercase（小写）"和"none（无）"4 个选项。

"Color（颜色）"选项：设置文本的颜色。

8.5.2 背景

"背景"分类用于在网页元素后加入背景图像或背景颜色，"背景"选项面板如图 8-29 所示。

"背景"面板包括以下 6 种 CSS 属性。

"Background-color（背景颜色）"选项：设置网页元素的背景颜色。

图 8-29

"Background-image（背景图像）"选项：设置网页元素的背景图像。

"Background-repeat（重复）"选项：控制背景图像的平铺方式，包括"no- repeat（不重复）"、"repeat（重复）"、"repeat-x（横向重复）"和"repeat-y（纵向重复）"4 个选项。若选择"no- repeat（不重复）"选项，则在元素开始处按原图大小显示一次图像；若选择"repeat（重复）"选项，则在元素的后面水平或垂直平铺图像；若选择"repeat-x（横向重复）"或"repeat-y（纵向重复）"选项，则分别在元素的后面沿水平方向平铺图像或沿垂直方向平铺图像，此时图像被剪辑以适合元素的边界。

"Background-attachment（附件）"选项：设置背景图像是固定在它的原始位置还是随内容一起滚动。IE 浏览器支持该选项，但 Netscape Navigator 浏览器不支持。

"Background-position（X）（水平位置）"和"Background-position（Y）（垂直位置）"选项：设置背景图像相对于元素的初始位置，它包括"left（左对齐）"、"center（居中）"、"right（右对齐）"、"top（顶部）"、"center（居中）"、"bottom（底部）"和"（值）"7 个选项。该选项可将背景图像与页面中心垂直和水平对齐。

8.5.3　区块

"区块"分类用于控制网页中块元素的间距、对齐方式和文字缩进等属性。块元素可以是文本、图像和层等。"区块"的选项面板如图 8-30 所示。

"区块"面板包括 7 种 CSS 属性。

"Word-spacing（单词间距）"选项：设置文字间的间距，包括"normal（正常）"和"（值）"两个选项。若要减少单词间距，则可以设置为负值，但其显示取决于浏览器。

图 8-30

"Letter-spacing（字母间距）"选项：设置字母间的间距，包括"normal（正常）"和"（值）"两个选项。若要减少字母间距，则可以设置为负值。IE 浏览器 4.0 版本和更高版本以及 Netscape Navigator 浏览器 6.0 版本支持该选项。

"Vertical-align（垂直对齐）"选项：控制文字或图像相对于其母体元素的垂直位置。若将图像同其母体元素文字的顶部垂直对齐，则该图像将在该行文字的顶部显示。该选项包括"baseline（基线）"、"sub（下标）"、"super（上标）"、"top（顶部）"、"text-top（文本顶对齐）"、"middle（中线对齐）"、"bottom（底部）"、"text-bottom（文本底对齐）"和"（值）"9 个选项。"baseline（基线）"选项表示将元素的基准线同母体元素的基准线对齐；"top（顶部）"选项表示将元素的顶部同最高的母体元素对齐；"bottom（底部）"选项表示将元素的底部同最低的母体元素对齐；"下标"选项表示将元素以下标形式显示；"super（上标）"选项表示将元素以上标形式显示；"text-top（文本顶对齐）"选项表示将元素顶部同母体元素文字的顶部对齐；"middle（中线对齐）"选项表示将元素中点同母体元素文字的中点对齐；"text-bottom（文本底对齐）"选项表示将元素底部同母体元素文字的底部对齐。

 提示

仅在应用于 <img> 标签时"垂直对齐"选项的设置才在文档窗口中显示。

"Text-align（文本对齐）"选项：设置区块文本的对齐方式，包括"left（左对齐）"、"right（右对齐）"、"center（居中）"、"justify（两端对齐）"4 个选项。

"Text-indent（文字缩进）"选项：设置区块文本的缩进程度。若让区块文本凸出显示，则该选项值为负值，但显示主要取决于浏览器。

"White-space（空格）"选项：控制元素中的空格输入，包括"normal（正常）"、"pre（保留）"、"nowrap（不换行）"3 个选项。

"Display（显示）"选项：指定是否以及如何显示元素。"none（无）"关闭应用此属性的元素的显示。

Dreamweaver CS5 不在文档窗口中显示"空格"选项值。

8.5.4 方框

块元素可被看成包含在盒子中，这个盒子分成 4 部分，如图 8-31 所示。

"方框"分类用于控制网页中块元素的内容距区块边框的距离、区块的大小、区块间的间隔等。块元素可为文本、图像和层等。"方框"的选项面板如图 8-32 所示。

图 8-31

图 8-32

"方框"面板包括以下 6 种 CSS 属性。

"Width（宽）"和"Height（高）"选项：设置元素的宽度和高度，使盒子的宽度不受它所包含内容的影响。

"Float（浮动）"选项：设置网页元素（如文本、层、表格等）的浮动效果。IE 浏览器和 NETSCAPE 浏览器都支持"（浮动）"选项的设置。

"Clear（清除）"选项：清除设置的浮动效果。

"Padding（填充）"选项组：控制元素内容与盒子边框的间距，包括"Top（上）"、"Bottom（下）"、"Right（左）"、"Left（右）" 4 个选项。若取消选择"全部相同"复选框，则可单独设置块元素的各个边的填充效果；否则块元素的各个边设置相同的填充效果。

"Margin（边界）"选项组：控制围绕块元素的间隔数量，包括"Top（上）"、"Bottom（下）"、"Right（左）"、"Left（右）" 4 个选项。若取消选择"全部相同"复选框，则可设置块元素不同的间隔效果；否则块元素有相同的间隔效果。

8.5.5 边框

"边框"分类主要针对块元素的边框，"边框"选项面板如图 8-33 所示。

"边框"面板包括以下几种 CSS 属性。

"Style（样式）"选项组：设置块元素边框线

图 8-33

的样式，在其下拉列表中包括"none（无）"、"dotted（点划线）"、"dashed（虚线）"、"solid

（实线）"、"double（双线）"、"groove（槽状）"、"ridge（脊状）"、"inset（凹陷）"、"outse（凸出）" 9 个选项。若取消选择"全部相同"复选框，则可为块元素的各边框设置不同的样式。

"Width（宽度）"选项组：设置块元素边框线的粗细，在其下拉列表中包括"thin（细）"、"medium（中）"、"thick（粗）"、"（值）" 4 个选项。

"Color（颜色）"选项组：设置块元素边框线的颜色。若取消选择"全部相同"复选框，则为块元素各边框设置不同的颜色。

8.5.6　列表

"列表"分类用于设置项目符号或编号的外观，"列表"选项面板如图 8-34 所示。

"列表"面板包括以下 3 种 CSS 属性。

"List-style-type（类型）"选项：设置项目符号或编号的外观。在其下拉列表中包括"disc（圆点）"、"circle（圆圈）"、"square（方块）"、"decimal（数字）"、"lower-roman（小写罗马数字）"、"upper-roman（大写罗马数字）"、"lower-alpha（小写字母）"、"upper-alpha（大写字母）"和"none（无）" 9 个选项。

"List-style-image（项目符号图像）"选项：为项目符号指定自定义图像。单击选项右侧的"浏览"按钮选择图像，或直接在选项的文本框中输入图像的路径。

图 8-34

"List-style-Position（位置）"选项：用于描述列表的位置，包括"inside（内）"和"outside（外）"两个选项。

8.5.7　定位

"定位"分类用于精确控制网页元素的位置，主要针对层的位置进行控制，"定位"选项面板如图 8-35 所示。

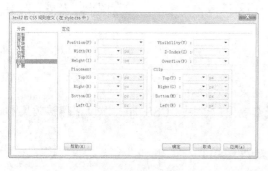

图 8-35

"定位"面板包括以下几种 CSS 属性。

"Position（类型）"选项：确定定位的类型，其下拉列表中包括"absolute（绝对）"、"fixed（固定）"、"relative（相对）"和"static（静态）" 4 个选项。"absolute（绝对）"选项表示以页面左上角为坐标原点，使用"定位"选项中输入的坐标值来放置层；"fixed（固定）"选项表示以页面左上角为坐标原点放置内容，当用户滚动页面时，内容将在此位置保持固定。"relative（相对）"选项表示以对象在文档中的位置为坐标原点，使用"定位"选项中输入的坐标来放置层；"static（静态）"选项表示以对象在文档中的位置为坐标原点，将层放在它在文本中的位置。该选项不显示在文档窗口中。

"Visibility（显示）"选项：确定层的初始显示条件，包括"inherit（继承）"、"visible（可见）"和"hidden（隐藏）" 3 个选项。"inherit（继承）"选项表示继承父级层的可见性属性。

如果层没有父级层，则它将是可见的。"visible（可见）"选项表示无论父级层如何设置，都显示该层的内容。"hidden（隐藏）"选项表示无论父级层如何设置，都隐藏层的内容。如果不设置"Visibility（显示）"选项，则默认情况下大多数浏览器都继承父级层的属性。

"Z-Index（Z 轴）"选项：确定层的堆叠顺序，为元素设置重叠效果。编号较高的层显示在编号较低的层的上面。该选项使用整数，可以为正，也可以为负。

"Overflow（溢位）"选项：此选项仅限于 CSS 层，用于确定在层的内容超出它的尺寸时的显示状态。其中，"visible（可见）"选项表示当层的内容超出层的尺寸时，层向右下方扩展以增加层的大小，使层内的所有内容均可见。"hidden（隐藏）"选项表示保持层的大小并剪辑层内任何超出层尺寸的内容。"scroll（滚动）"选项表示不论层的内容是否超出层的边界都在层内添加滚动条。"scroll（滚动）"选项不显示在文档窗口中，并且仅适用于支持滚动条的浏览器。"auto（自动）"选项表示滚动条仅在层的内容超出层的边界时才显示。"auto（自动）"选项不显示在文档窗口中。

"placement（位置）"选项组：此选项用于设置样式在页面中的位置。

"clip（剪裁）"选项组：此选项用于设置样式的剪裁位置。

图 8-36

8.5.8 扩展

"扩展"分类主要用于控制鼠标指针形状、控制打印时的分页以及为网页元素添加滤镜效果，但它仅支持 IE 浏览器 4.0 及更高的版本，"扩展"选项面板如图 8-36 所示。

"扩展"面板包括以下几种 CSS 属性。

"分页"选项组：在打印期间为打印的页面设置强行分页，包括"Page-break-before（之前）"和"Page-break-after（之后）"两个选项。

"Cursor（光标）"选项：当鼠标指针位于样式所控制的对象上时改变鼠标指针的形状。IE 浏览器 4.0 及更高版本以及 Netscape Navigator 浏览器 6.0 版本支持该属性。

"Filter（滤镜）"选项：对样式控制的对象应用特殊效果，常用对象有图形、表格、图层等。

8.5.9 课堂案例——地车网页

【案例学习目标】使用"CSS 样式"命令制作菜单效果。

【案例知识要点】使用"表格"按钮插入表格效果。使用"CSS 样式"设置翻转效果的链接,如图 8-37 所示。

【效果所在位置】光盘/Ch08/效果/地车网页/index.html

1．插入表格并输入文字

（1）选择"文件 > 打开"命令，在弹出的对话框中选择"Ch08 > 素材 > 地车网页 > index.html"文件，单击"打开"按钮，效果如图 8-38 所示。

（2）将光标置入到如图 8-39 所示的单元格中，在"插入"面板"常用"选项卡中单击"表格"按钮，在弹出的"表格"对话框中进行设置，如图 8-40 所示，单击"确定"按钮，效果如图 8-41 所示。

图 8-37

图 8-38

图 8-39

图 8-40

图 8-41

（3）在"属性"面板"表格 Id"选项文本框中输入"Nav"，如图 8-42 所示。在单元格中分别输入文字，如图 8-43 所示。

图 8-42

图 8-43

（4）选中文字"图片新闻"，如图 8-44 所示，在"属性"面板"链接"选项文本框中输入"#"，为文字制作空链接效果，如图 8-45 所示。用相同的方法为其他文字添加链接，效果如图 8-46 所示。

图 8-44

图 8-45

图 8-46

2. 设置 CSS 属性

（1）选择表格，如图 8-47 所示，选择"窗口 ＞CSS 样式"命令，弹出"CSS 样式"控制面板，单击面板下方的"新建 CSS 规则"按钮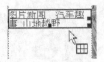，弹出"新建 CSS 规则"对话框，在对话框中进行设置，如图 8-48 所示。

（2）单击"确定"按钮，弹出"将样式表文件另存为"对话框，在"保存在"选项的下拉列表中选择当前站点目录保存路径，在"文件名"选项的文本框中输入"style"，如图 8-49 所示。

图 8-47

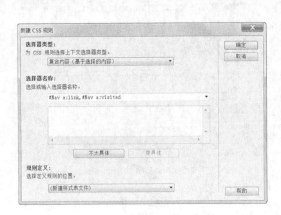

图 8-48

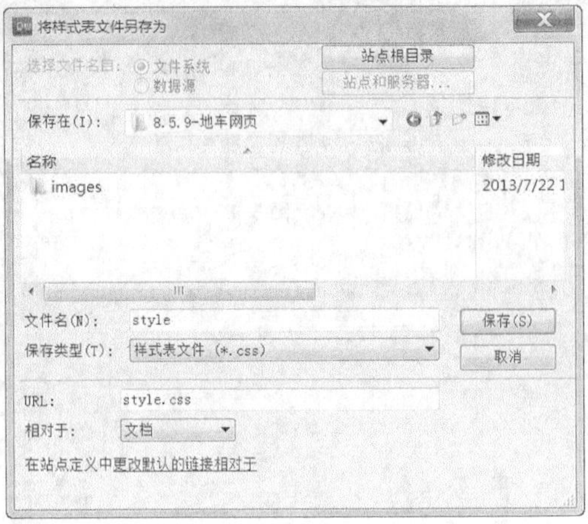

图 8-49

（3）单击"保存"按钮，弹出"#Nav a:link,#Nav a:visited 的 CSS 规则定义（在 style.css 中）"对话框，在左侧的"分类"选项列表中选择"类型"选项，将右侧的"Color"选项设为黑色，如图 8-50 所示，在"分类"选项列表中选择"背景"选项，将"Background-color"选项设灰白色（#f2f2f2），如图 8-51 所示。

图 8-50

图 8-51

（4）在左侧的"分类"选项列表中选择"区块"选项，在"Text-indent"选项下拉列表中选择"center"，"Display"选项下拉列表中选择"block"，如图 8-52 所示。

（5）在左侧的"分类"选项列表中选择"方框"选项，将"Padding"属性"Top"选项设为 4，如图 8-53 所示。

（6）在左侧的"分类"选项列表中选择"边框"选项，在"Style"选项下拉列表中选择"solid"，"Width"选项设为 2，"Color"选项设为白色，如图 8-54 所示，单击"确定"按钮，效果如图 8-55 所示。

图 8-52

图 8-53

图 8-54

图 8-55

（7）单击"CSS 样式"控制面板下方的"新建 CSS 规则"按钮 ，弹出"新建 CSS 规则"对话框，在对话框中进行设置，如图 8-56 所示。

（8）单击"确定"按钮，弹出"#Nav a:hover 的 CSS 规则定义（在 style.css 中）"对话框，在左侧的"分类"选项列表中选择"背景"选项，将"Background-color"选项设为白色，如图 8-57 所示。

图 8-56

图 8-57

（9）在左侧的"分类"选项列表中选择"方框"选项，将"Padding"属性的"Top"选项设为 2，"Margin"属性"Top"选项设为 2，如图 8-58 所示。

（10）在左侧的"分类"选项列表中选择"边框"选项，取消"Style"、"Width"、"Color"的"全部相同"复选框，在"Style"属性"Top"和"Left"选项下拉列表中选择"solid"，"Width"选项文本框中输入"1"，将颜色设为蓝色（#29679c），如图 8-59 所示，单击"确定"按钮。

（11）保存文档，按 F12 键预览效果，如图 8-60 所示。当鼠标指针滑过导航按钮时，背景和边框颜色改变，效果如图 8-61 所示。

图 8-58

图 8-59

图 8-60

图 8-61

8.6 过滤器

随着网页设计技术的发展，人们希望能在页面中添加一些多媒体属性，如渐变和过滤效果等，CSS 技术使这些成为可能。Dreamweaver 提供的"CSS 过滤器"属性可以将可视化的过滤器和转换效果添加到一个标准的 HTML 元素上。

8.6.1 可应用过滤的 HTML 标签

CSS 过滤器不仅可以施加在图像上，而且可以施加在文字、表格和图层等网页元素上，但并不是所有的 HTML 标签都可以施加 CSS 过滤器，只有 BODY（网页主体）、BUTTON（按钮）、DIV（层）、IMG（图像）、INPUT（表单的输入元素）、MARQUEE（滚动）、SPAN（段落内的独立行元素）、TABLE（表格）、TD（表格内单元格）、TEXTAREA（表单的多行输入元素）、TFOOT（当作注脚的表格行）、TH（表格的表头）、THEAD（表格的表头行）、TR（表格的一行）等 HTML 标签上可以施加 CSS 过滤器。

启用"Table 的 CSS 规则定义"对话框，在"分类"选项列表中选择"扩展"选项，在右侧"滤镜"选项的下拉列表中可以选择静态或动态过滤器。

8.6.2　CSS 的静态过滤器

CSS 中有静态过滤器和动态过滤器两种过滤器。静态过滤器使被施加的对象产生各种静态的特殊效果。IE 浏览器 4.0 版本支持以下 13 种静态过滤器。

（1）Alpha 过滤器：让对象呈现渐变的半透明效果，包含选项及其功能如下。

Opacity 选项：以百分比的方式设置图片的透明程度，值为 0~100，0 表示完全透明，100 表示完全不透明。

FinishOpacity 选项：和 Opacity 选项一起以百分比的方式设置图片的透明渐进效果，值为 0~100，0 表示完全透明，100 表示完全不透明。

Style 选项：设定渐进的显示形状。

StartX 选项：设定渐进开始的 X 坐标值。

StartY 选项：设定渐进开始的 Y 坐标值。

FinishX 选项：设定渐进结束的 X 坐标值。

FinishY 选项：设定渐进结束的 Y 坐标值。

（2）Blur 过滤器：让对象产生风吹的模糊效果，包含选项及其功能如下。

Add 选项：是否在应用 Blur 过滤器的 HTML 元素上显示原对象的模糊方向，0 表示不显示原对象，1 表示显示原对象。

Direction 选项：设定模糊的方向，0 表示向上，90 表示向右，180 表示向下，270 表示向左。

Strength 选项：以像素为单位设定图像模糊的半径大小，默认值是 5，取值范围是自然数。

（3）Chroma 过滤器：将图片中的某个颜色变成透明的，包含 Color 选项，用来指定要变成透明的颜色。

（4）DropShadow 过滤器：让文字或图像产生下落式的阴影效果，包含选项及其功能如下。

Color 选项：设定阴影的颜色。

OffX 选项：设定阴影相对于文字或图像在水平方向上的偏移量。

OffY 选项：设定阴影相对于文字或图像在垂直方向上的偏移量。

Positive 选项：设定阴影的透明程度。

（5）FlipH 和 FlipV 过滤器：在 HTML 元素上产生水平和垂直的翻转效果。

（6）Glow 过滤器：在 HTML 元素的外轮廓上产生光晕效果，包含 Color 和 Strength 两个选项。Color 选项：用于设定光晕的颜色。

Strength 选项：用于设定光晕的范围。

（7）Gray 过滤器：让彩色图片产生灰色调效果。

（8）Invert 过滤器：让彩色图片产生照片底片的效果。

（9）Light 过滤器：在 HTML 元素上产生模拟光源的投射效果。

（10）Mask 过滤器：在图片上加上遮罩色，包含 Color 选项，用于设定遮罩的颜色。

（11）Shadow 过滤器：与 DropShadow 过滤器一样，让文字或图像产生下落式的阴影效果，但 Shadow 过滤器生成的阴影有渐进效果。

（12）Wave 过滤器：在 HTML 元素上产生垂直方向的波浪效果，包含选项及其功能如下。

Add 选项：是否在应用 Wave 过滤器的 HTML 元素上显示原对象的模糊方向，0 表示不显示原对象，1 表示显示原对象。

Freq 选项：设定波动的数量。

LightStrength 选项：设定光照效果的光照程度，值为 0~100，0 表示光照最弱，100 表示光照最强。

Phase 选项：以百分数的方式设定波浪的起始相位，值为 0~100。

Strength 选项：设定波浪的摇摆程度。

（13）Xray 过滤器：显示图片的轮廓，如同 X 光片的效果。

8.6.3　CSS 的动态过滤器

动态过滤器也叫转换过滤器。Dreamweaver CS5 提供的动态过滤器可以设定产生翻换图片的效果。

（1）BlendTrans 过滤器：混合转换过滤器，在图片间产生淡入淡出效果，包含 Duration 选项，用于表示淡入淡出的时间。

（2）RevealTrans 过滤器：显示转换过滤器，提供更多的图像转换的效果，包含 Duration 和 Transition 选项。Duration 选项表示转换的时间，Transition 选项表示转换的类型。

8.6.4　课堂案例——汽车配件网页

【案例学习目标】使用"CSS 样式"命令制作图片黑白效果。

【案例知识要点】使用"图像"按钮插入图片。使用 Gray 滤镜制作图片黑白效果，如图 8-62 所示。

【效果所在位置】光盘/Ch08/效果/汽车配件网页/index.html

1．插入图片

（1）选择"文件 > 打开"命令，在弹出的对话框中选择"Ch08 > 素材 > 汽车配件网页 > index.html"文件，单击"打开"按钮，效果如图 8-63 所示。

图 8-62　　　　　　　　　　　　　　　　图 8-63

（2）将光标置入到如图 8-64 所示的单元格中。在"插入"面板"常用"选项卡中单击"图像"按钮，在弹出的"选择图像源文件"对话框中选择光盘"Ch08 > 素材 > 汽车配

件网页 > images"文件夹中的"qc_03.png"文件，单击"确定"按钮完成图片的插入，在"属性"面板中将"水平边距"选项设为 10，效果如图 8-65 所示。用相同的方法将图像文件"qc_05.png"、"qc_07.png"、"qc_09.png"、"qc_11.png"插入到单元格中，效果如图 8-66 所示。

图 8-64　　　　　　　　　　　　　　　　图 8-65

图 8-66

2. 制作图片黑白效果

（1）选择"窗口 > CSS 样式"命令，弹出"CSS 样式"控制面板，单击面板下方的"新建 CSS 规则"按钮 ，弹出"新建 CSS 规则"对话框，在对话框中进行设置，如图 8-67 所示。

（2）单击"确定"按钮，弹出".pic 的 CSS 规则定义"对话框，选择"分类"选项列表中的"扩展"选项，在"Filter"选项的下拉列表中选择"Gray"，如图 8-68 所示，单击"确定"按钮。

图 8-67　　　　　　　　　　　　　　　　图 8-68

（3）选择如图 8-69 所示的图片，在"属性"面板"类"选项的下拉列表中选择"pic"选项，如图 8-70 所示。用相同的方法为其他图像添加样式效果。

（4）在 Dreamweaver CS5 中看不到过滤器的真实效果，只有在浏览器的状态下才能看到真实效果。保存文档，按 F12 键预览效果，如图 8-71 所示。

图 8-69   图 8-70   图 8-71

8.7 课堂练习——跑酷网页

【练习知识要点】使用 CSS 样式创建样式调整文字的字体、大小和行距效果，如图 8-72 所示。

【效果所在位置】光盘/Ch08/效果/跑酷网页/index.html

图 8-72

8.8 课后习题——足球在线网页

【习题知识要点】使用"CSS 样式"命令创建样式。使用"Alpha 滤镜"制作图片半透明效果，效果如图 8-73 所示。

【效果所在位置】光盘/Ch08/效果/足球在线网页/index.html

图 8-73

第 9 章
模板和库

　　网站是由多个整齐、规范、流畅的网页组成的。为了保持站点中网页风格的统一，需要在每个网页中制作一些相同的内容，如相同栏目下的导航条、各类图标等，因此网站制作者需要花费大量的时间和精力在重复性的工作上。为了减轻网页制作者的工作量，提高他们的工作效率，将他们从大量重复性工作中解脱出来，Dreamweaver CS5 提供了模板和库功能。

课堂学习目标
* "资源"控制面板
* 模板
* 库

9.1 "资源"控制面板

"资源"控制面板用于管理和使用制作网站的各种元素，如图像或影片文件等。选择"窗口 > 资源"命令或按 F11 键，启用"资源"控制面板，如图 9-1 所示。

"资源"控制面板提供了"站点"和"收藏"两种查看资源的方式，"站点"列表显示站点的所有资源，"收藏"列表仅显示用户曾明确选择的资源。在这两个列表中，资源被分成图像、颜色、URLS、SWF、Shockwave、影片、脚本、模板、库 9 种类别，显示在"资源"控制面板的左侧。"图像"列表中只显示 GIF、JPEG 或 PNG 格式的图像文件；"颜色"列表显示站点的文档和样式表中使用的颜色，包括文本颜色、背景颜色和链接颜色；"链接"列表显示当前站点文档中的外部链接，包括 FTP、gopher、HTTP、HTTPS、JavaScript、电子邮件(mailto)和本地文件(file://)类型的链接；"Flash"列表显示任意版本的"*.swf"格式文件，不显示 Flash 源文件；"Shockwave"列表显示的影片是任意版本的"*.shockwave"格式文件；"影片"列表显示"*.quicktime"或"*.mpg"格式文件；"脚本"列表显示独立的 JavaScript 或 VBScript 文件；"模板"列表显示模板文件，方便用户在多个页面上重复使用同一页面布局；"库"列表显示定义的库项目。

在模板列表中，控制面板底部排列着 5 个按钮，分别是"插入"按钮 插入 、"刷新站点列表"按钮、"编辑"按钮、"添加到收藏夹"按钮、"删除"按钮。"插入"按钮用于将"资源"控制面板中选定的元素直接插入到文档中；"刷新站点列表"按钮用于刷新站点列表；"模板"按钮用于建立新的模板；"编辑"按钮用于编辑当前选定的元素；"删除"按钮用于删除选定的元素。单击控制面板右上方的菜单按钮，弹出一个菜单，菜单中包括"资源"控制面板中的一些常用命令，如图 9-2 所示。

图 9-1

图 9-2

9.2 模板

模板可理解成模具，当需要制作相同的东西时只需将原始素材放入模板即可实现，既省时又省力。Dreamweaver CS5 提供的模板也是基于此目的，如果要制作大量相同或相似的网页时，只需在页面布局设计好之后将它保存为模板页面，然后利用模板创建相同布局的网页，并且可以在修改模板的同时修改附加该模板的所有页面上的布局。这样，就能大大提高设计者的工作效率。

　　将文档另存为模板时，Dreamweaver CS5 自动锁定文档的大部分区域。模板创作者需指定模板文档中的哪些区域可编辑，哪些网页元素应长期保留，不可编辑。

　　Dreamweaver CS5 中共有 4 种类型的模板区域。

　　可编辑区域：是基于模板的文档中的未锁定区域，它是模板用户可以编辑的部分。模板创作者可以将模板的任何区域指定为可编辑的。要让模板生效，它应该至少包含一个可编辑区域，否则，将无法编辑基于该模板的页面。

　　重复区域：是文档中设置为重复的布局部分。例如，可以设置重复一个表格行。通常重复区域是可编辑的，这样模板用户可以编辑重复元素中的内容，同时使设计本身处于模板创作者的控制之下。在基于模板的文档中，模板用户可以根据需要，使用重复区域控制选项添加或删除重复区域的副本。可在模板中插入两种类型的重复区域，即重复区域和重复表格。

　　可选区域：是在模板中指定为可选的部分，用于保存有可能在基于模板的文档中出现的内容，如可选文本或图像。在基于模板的页面上，模板用户通常控制是否显示内容。

　　可编辑标签属性：在模板中解锁标签属性，以便该属性可以在基于模板的页面中编辑。

9.2.1　创建模板

　　在 Dreamweaver CS5 中创建模板非常容易，如同制作网页一样。当用户创建模板之后，Dreamweaver CS5 自动把模板存储在站点的本地根目录下的 "Templates" 子文件夹中，文件扩展名为.dwt。如果此文件夹不存在，当存储一个新模板时，Dreamweaver CS5 将自动生成此子文件夹。

1．创建空模板

　　创建空白模板有以下几种方法。

　　在打开的文档窗口中单击"插入"面板"常用"选项卡中的"创建模板"按钮 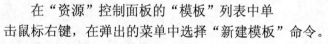，将当前文档转换为模板文档。

　　在"资源"控制面板中单击"模板"按钮，此时列表为模板列表，如图 9-3 所示。然后单击下方的"新建模板"按钮，创建空模板，此时新的模板添加到"资源"控制面板的"模板"列表中，为该模板输入名称，如图 9-4 所示。

　　在"资源"控制面板的"模板"列表中单击鼠标右键，在弹出的菜单中选择"新建模板"命令。

图 9-3

图 9-4

提示

　　如果修改新建的空模板，则先在"模板"列表中选中该模板，然后单击"资源"控制面板右下方的"编辑"按钮 。如果重命名新建的空模板，则单击"资源"控制面板右上方的菜单按钮 ，从弹出的菜单中选择"重命名"命令，然后输入新名称。

2. 将现有文档存为模板

（1）选择"文件 > 打开"命令，弹出"打开"对话框，如图 9-5 所示，选择要作为模板的网页，然后单击"打开"按钮。

（2）选择"文件 > 另存模板"命令，弹出"另存模板"对话框，输入模板名称，如图 9-6 所示。

图 9-5　　　　　　　　　　　　　　　　　图 9-6

（3）单击"保存"按钮，此时窗口标题栏显示"TPL"字样，表明当前文档是一个模板文档，如图 9-7 所示。

9.2.2　定义和取消可编辑区域

创建模板后，网站设计者需要根据用户的需求对模板的内容进行编辑，指定哪些内容是可以编辑的，哪些内容是不可以编辑的。模板的不可编辑区域是指基于模板创建的网页中固定不变的元素，模板的可编辑模板区域是指基于模板创建的网页中用户可以编辑的区域。当创建一个模板或将一个网页另存为模板时，Dreamweaver CS5 默认将所有区域标志为锁定，因此用户要根据具体要求定义和修改模板的可编辑区域。

图 9-7

1. 对已有的模板进行修改

在"资源"控制面板的"模板"列表中选择要修改的模板名，单击控制面板右下方的"编辑"按钮 或双击模板名后，就可以在文档窗口中编辑该模板了。

当模板应用于文档时，用户只能在可编辑区域中进行更改，无法修改锁定区域。

2. 定义可编辑区域

（1）选择区域。选择区域有以下几种方法。

在文档窗口中选择要设置为可编辑区域的文本或内容。

在文档窗口中将插入点放在要插入可编辑区域的地方。

（2）启用"新建可编辑区域"对话框。启用"新建可编辑区域"对话框有以下几种方法。

在"插入"面板"常用"选项卡中，单击"模板"展开式按钮，选择"可编辑区域"按钮。

按 Ctrl＋Alt＋V 快捷键。

选择"插入 > 模板对象 > 可编辑区域"命令。

在文档窗口中单击鼠标右键，在弹出的菜单中选择"模板 > 新建可编辑区域"命令。

（3）创建可编辑区域。在"名称"选项的文本框中为该区域输入唯一的名称，如图 9-8 所示，最后单击"确定"按钮创建可编辑区域，如图 9-9 所示。

图9-8

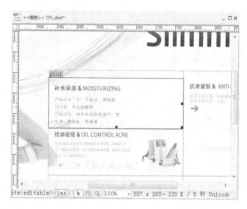

图9-9

可编辑区域在模板中由高亮显示的矩形边框围绕，该边框使用在"首选参数"对话框中设置的高亮颜色，该区域左上角的选项卡显示该区域的名称。

（4）使用可编辑区域的注意事项。

不要在"名称"选项的文本框中使用特殊字符。

不能对同一模板中的多个可编辑区域使用相同的名称。

可以将整个表格或单独的表格单元格标志为可编辑的，但不能将多个表格单元格标志为单个可编辑区域。如果选定<td>标签，则可编辑区域中包括单元格周围的区域；如果未选定，则可编辑区域将只影响单元格中的内容。

⊙ 层和层内容是单独的元素。使层可编辑时可以更改层的位置及其内容，而使层的内容可编辑时只能更改层的内容而不能更改其位置。

⊙ 在普通网页文档中插入一个可编辑区域，Dreamweaver CS5 会警告该文档将自动另存为模板。

⊙ 可编辑区域不能嵌套插入。

3．定义可编辑的重复区域

重复区域是可以根据需要在基于模板的页面中复制任意次数的模板部分。重复区域通常用于表格，但也可以为其他页面元素定义重复区域。但是重复区域不是可编辑区域，若要使重复区域中的内容可编辑，必须在重复区域内插入可编辑区域。

定义重复区域的具体操作步骤如下。

（1）选择区域。

（2）启用新建重复区域对话框。启用"新建重复区域"对话框有以下几种方法。

在"插入"面板"常用"选项卡中，单击"模板"展开式按钮，选择"重复区域"按钮。

选择"插入 > 模板对象 > 重复区域"命令。

在文档窗口中单击鼠标右键，在弹出的菜单中选择"模板 > 新建重复区域"命令。

（3）定义重复区域。在"名称"选项的文本框中为模板区域输入唯一的名称，如图 9-10 所示，单击"确定"按钮，将重复区域插入到模板中。最后选择重复区域或其一部分，如表格、行或单元格，定义可编辑区域，如图 9-11 所示。

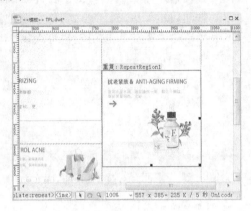

图 9-10

图 9-11

 提示

在一个重复区域内可以继续插入另一个重复区域。

4. 定义可编辑的重复表格

有时网页的内容经常变化，此时可使用"重复表格"功能创建模板。利用此模板创建的网页可以方便地增加或减少表格中格式相同的行，满足内容变化的网页布局。要创建包含重复行格式的可编辑区域，使用"重复表格"按钮。可以定义表格属性，并设置哪些表格中的单元格可编辑。

定义重复表格的具体操作步骤如下。

（1）将插入点放在文档窗口中要插入重复表格的位置。

（2）启用"插入重复表格"对话框，如图 9-12 所示。

启用"插入重复表格"对话框有以下几种方法。

在"插入"面板"常用"选项卡中，单击"模板"展开式按钮 ，选择"重复表格"按钮 。

图 9-12

选择"插入 > 模板对象 > 重复表格"命令。

"插入重复表格"对话框中各选项的作用如下。

"行数"选项：设置表格具有的行的数目。

"列"选项：设置表格具有的列的数目。

"单元格边距"选项：设置单元格内容和单元格边界之间的像素数。

"单元格间距"选项组：设置相邻的表格单元格之间的像素数。

"宽度"选项：以像素为单位或以浏览器窗口宽度的百分比设置表格的宽度。

"边框"选项：以像素为单位设置表格边框的宽度。

"重复表格行"选项：设置表格中的哪些行包括在重复区域中。

"起始行"选项：将输入的行号设置为包括在重复区域中的第一行。

"结束行"选项：将输入的行号设置为包括在重复区域中的最后一行。

"区域名称"选项：为重复区域设置唯一的名称。

（3）按需要输入新值，单击"确定"按钮，重复表格即出现在模板中，如图 9-13 所示。

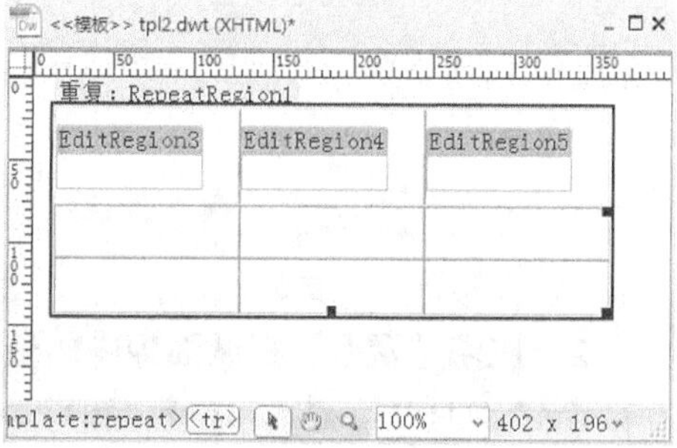

使用重复表格要注意以下几点。

如果没有明确指定单元格边距和单元格间距的值，则大多数浏览器按单元格边距设置为 1、单元格间距设置为 2 来显示表格。若要浏览器显示的表格没有边距和间距，将"单元格边距"选项和"单元格间距"选项设置为 0。

图 9-13

如果没有明确指定边框的值，则大多数浏览器按边框设置为 1 显示表格。若要浏览器显示的表格没有边框，将"边框"设置为 0。若要在边框设置 0 时查看单元格和表格边框，则要选择"查看 > 可视化助理 > 表格边框"命令。

重复表格可以包含在重复区域内，但不能包含在可编辑区域内。

5. 取消可编辑区域标记

使用"取消可编辑区域"命令可取消可编辑区域的标记，使之成为不可编辑区域。取消可编辑区域标记有以下几种方法。

先选择可编辑区域，然后选择"修改 > 模板 > 删除模板标记"命令，此时该区域变成不可编辑区域。

先选择可编辑区域，然后在文档窗口下方的可编辑区域标签上单击鼠标右键，在弹出的菜单中选择"删除标签"命令，如图 9-14 所示，此时该区域变成不可编辑区域。

图 9-14

9.2.3　创建基于模板的网页

创建基于模板的网页有两种方法 ，一是使用"新建"命令创建基于模板的新文档；二是应用"资源"控制面板中的模板来创建基于模板的网页。

1. 使用新建命令创建基于模板的新文档

选择"文件 > 新建"命令，打开"新建文档"对话框，单击"模板中的页"标签，切换到"从模板新建"窗口。在"站点"选项框中选择本网站的站点，如"基础素材"，再从右侧的选项框中选择一个模板文件，如图 9-15 所示，单击"创建"按钮，创建基于模板的新文档。

编辑完文档后，选择"文件 > 保存"命令，保存所创建的文档。在文档窗口中按照模板中的设置建立了一个新的页面，并可向编辑区域内添加信息，如图 9-16 所示。

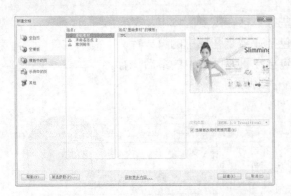

图 9-15   图 9-16

2. 应用"资源"控制面板中的模板创建基于模板的网页

新建 HTML 文档，选择"窗口 > 资源"命令，启用"资源"控制面板。在"资源"控制面板中，单击左侧的"模板"按钮 ，再从模板列表中选择相应的模板，最后单击控制面板下方的"应用"按钮，在文档中应用该模板，如图 9-17 所示。

9.2.4 管理模板

创建模板后可以重命名模板文件、修改模板文件和删除模板文件。

1. 重命名模板文件

（1）选择"窗口 > 资源"命令，启用"资源"控制面板，单击左侧的"模板"按钮 ，控制面板右侧显示本站点的模板列表。

（2）在模板列表中，双击模板的名称选中文本，然后输入一个新名称，按 Enter 键使更改生效，如图 9-18 所示。

图 9-17

2. 修改模板文件

（1）选择"窗口 > 资源"命令，启用"资源"控制面板，单击左侧的"模板"按钮 ，控制面板右侧显示本站点的模板列表，如图 9-19 所示。

图 9-18   图 9-19

（2）在模板列表中双击要修改的模板文件将其打开，根据需要修改模板内容。例如，将表格首行的背景色由黄色变成浅绿色，如图 9-20、图 9-21 所示。

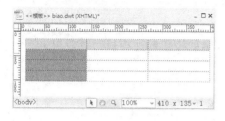

原图	新图
图 9-20	图 9-21

3．更新站点

用模板的最新版本更新整个站点或应用特定模板的所有网页的具体操作步骤如下。

（1）启用"更新页面"对话框。

选择"修改 > 模板 > 更新页面"命令，启用"更新页面"对话框，如图 9-22 所示。

"更新页面"对话框中各选项的作用如下。

"查看"选项：设置是用模板的最新版本更新整个站点还是更新应用特定模板的所有网页。

图 9-22

"更新"选项组：设置更新的类别，此时选择"模板"复选框。

"显示记录"选项：设置是否查看 Dreamweaver CS5 更新文件的记录。如果勾选"显示记录"复选框，则 Dreamweaver CS5 将提供关于其试图更新的文件信息，包括是否成功更新的信息。

"开始"按钮：单击此按钮，Dreamweaver CS5 按照指示更新文件。

"关闭"按钮：单击此按钮，关闭"更新页面"对话框。

（2）若用模板的最新版本更新整个站点，则在"查看"选项右侧的第一个下拉列表中选择"整个站点"，然后在第二个下拉列表中选择站点名称；若更新应用特定模板的所有网页，则在"查看"选项右侧的第一个下拉列表中选择"文件使用……"，然后从第二个下拉列表中选择相应的网页名称。

（3）在"更新"选项组中选择"模板"复选框。

（4）单击"开始"按钮，即可根据选择更新整个站点或应用特定模板的所有网页。

（5）单击"关闭"按钮，关闭"更新页面"对话框。

4．删除模板文件

选择"窗口 > 资源"命令，启用"资源"控制面板。单击左侧的"模板"按钮，控制面板右侧显示本站点的模板列表。单击模板的名称选择该模板，单击控制面板下方的"删除"按钮，并确认要删除该模板，此时该模板文件从站点中删除。

 提示

删除模板后，基于此模板的网页不会与此模板分离，它们还保留删除模板的结构和可编辑区域。网页文件"01.HTM"应用模板 02，在删除模板文件"02.DWT"后仍保留删除模板的结构和可编辑区域。

9.2.5 课堂案例——水果慕斯网页

【案例学习目标】使用"常用"面板常用选项卡中的按钮创建模板网页效果。

【案例知识要点】使用"创建模板"按钮创建模板。使用"可编辑区域"和"重复区域"按钮制作可编辑区域和重复可编辑区域效果，如图9-23所示。

【效果所在位置】光盘/Ch09/效果/水果慕斯网页/index.html

图 9-23

1. 创建模板

（1）选择"文件 > 打开"命令，在弹出的对话框中选择"Ch09 > 素材 > 水果慕斯网页 > index.html"文件，单击"打开"按钮，如图9-24所示。

（2）在"插入"面板"常用"选项卡中，单击"模板"展开式按钮，选择"创建模板"按钮，在弹出的对话框中进行设置，如图9-25所示，单击"保存"按钮，弹出提示对话框，如图9-26所示，单击"是"按钮，将当前文档转换为模板文档，文档名称也随之改变，如图9-27所示。

图 9-24

图 9-25

图 9-26

图 9-27

2. 创建可编辑区域

（1）选中如图 9-28 所示表格，在"插入"面板"常用"选项卡中，单击"模板"展开式按钮 ，选择"可编辑区域"按钮 ，弹出"新建可编辑区域"对话框，在"名称"文本框中输入名称，如图 9-29 所示，单击"确定"按钮创建可编辑区域，如图 9-30 所示。

图 9-28

图 9-29

图 9-30

（2）选中如图 9-31 所示表格，在"插入"面板"常用"选项卡中，单击"模板"展开式按钮 ，选择"重复区域"按钮 ，弹出"新建重复区域"对话框，如图 9-32 所示，单击"确定"按钮，效果如图 9-33 所示。

图 9-31

图 9-32

图 9-33

（3）选中如图 9-34 所示图像，在"插入"面板"常用"选项卡中，再次单击"模板"

展开式按钮 ，选择"可编辑区域"按钮 ，弹出"新建可编辑区域"对话框，在"名称"
文本框中输入名称，如图 9-35 所示，单击"确定"按钮创建可编辑区域，如图 9-36 所示。

图 9-34

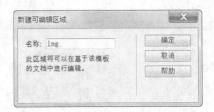

图 9-35

图 9-36

（4）模板网页效果制作完成，如图 9-37 所示。

图 9-37

9.3 库

库是存储重复使用的页面元素的集合，是一种特殊的 Dreamweaver CS5 文件，库文件也
称为库项目。一般情况下，先将经常重复使用或更新的页面元素创建成库文件，需要时将库

文件（即库项目）插入网页中。当修改库文件时，所有包含该项目的页面都将被更新。因此，使用库文件可大大提高网页制作者的工作效率。

9.3.1　创建库文件

库项目可以包含文档<body>部分中的任意元素，包括文本、表格、表单、Java applet、插件、ActiveX 元素、导航条和图像等。库项目只是一个对网页元素的引用，原始文件必须保存在指定的位置。

可以使用文档<body>部分中的任意元素创建库文件，也可新建一个空白库文件。

1．基于选定内容创建库项目

先在文档窗口中选择要创建为库项目的网页元素，然后创建库项目，并为新的库项目输入一个名称。

创建库项目有以下几种方法。

选择"窗口 > 资源"命令，启用"资源"控制面板。单击"库"按钮 📖 ，进入"库"面板，按住鼠标左键将选定的网页元素拖曳到"资源"控制面板中，如图 9-38 所示。

单击"库"面板底部的"新建库项目"按钮 📄 。

在"库"面板中单击鼠标右键，在弹出的菜单中选择"新建库项"命令。

选择"修改 > 库 > 增加对象到库"命令。

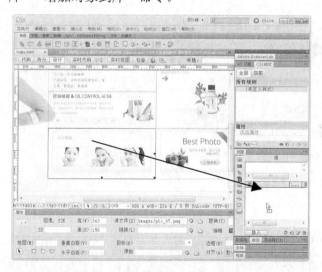

图 9-38

Dreamweaver 在站点本地根文件夹的"Library"文件夹中，将每个库项目都保存为一个单独的文件（文件扩展名为.lbi）。

2．创建空白库项目

（1）确保没有在文档窗口中选择任何内容。

（2）选择"窗口 > 资源"命令，启用"资源"控制面板。单击"库"按钮 📖 ，进入"库"面板。

（3）单击"库"面板底部的"新建库项目"按钮，一个新的无标题的库项目被添加到面板的列表中，如图 9-39 所示。然后为该项目输入一个名称，并按 Enter 键确定。

图 9-39

9.3.2　向页面添加库项目

当向页面添加库项目时，将把实际内容以及对该库项目的引用一起插入到文档中。此时，无需提供原项目就可以正常显示。在页面中插入库项目的具体操作步骤如下。

（1）将插入点放在文档窗口中的合适位置。

（2）选择"窗口 > 资源"命令，启用"资源"控制面板。单击"库"按钮，进入"库"面板。将库项目插入到网页中，效果如图 9-40 所示。

将库项目插入到网页有以下几种方法。

将一个库项目从"库"面板拖曳到文档窗口中。

在"库"面板中选择一个库项目，然后单击面板底部的"插入"按钮　插入　。

> **提示**
>
> 若要在文档中插入库项目的内容而不包括对该项目的引用，则在从"资源"控制面板向文档中拖曳该项目时同时按 Ctrl 键，插入的效果如图 9-41 所示。如果用这种方法插入项目，则可以在文档中编辑该项目，但当更新该项目时，使用该库项目的文档不会随之更新。

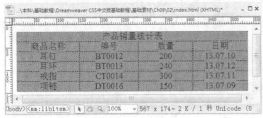

图 9-40　　　　　　　　　　　　　　　　　图 9-41

9.3.3　更新库文件

当修改库项目时，会更新使用该项目的所有文档。如果选择不更新，那么文档将保持与库项目的关联，可以在以后进行更新。

对库项目的更改包括重命名库项目、删除库项目、重新创建已删除的库项目、修改库项目、更新库项目。

1. 重命名库项目

重命名库项目可以断开其与文档或模板的连接。重命名库项目的具体操作步骤如下。

（1）选择"窗口 > 资源"命令，启用"资源"控制面板。单击"库"按钮，进入"库"面板。

（2）在库列表中，双击要重命名的库项目的名称，以便使文本可选，然后输入一个新名称。

（3）按 Enter 键使更改生效，此时弹出"更新文件"对话框，如图 9-42 所示。若要更新站点中所有使用该项目的文档，单击"更新"按钮；否则，单击"不更新"按钮。

2. 删除库项目

先选择"窗口 > 资源"命令，启用"资源"控制面板。
单击"库"按钮 📖，进入"库"面板，然后删除选择的库
项目。删除库项目有以下几种方法。

在"库"面板中单击选择库项目，单击面板底部的"删
除"按钮 🗑，然后确认要删除该项目。

图 9-42

在"库"面板中单击选择库项目，然后按 Delete 键并确认要删除该项目。

提示

删除一个库项目后，将无法使用"编辑 > 撤销"命令来找回它，只能重新创建。从库中
删除库项目后，不会更改任何使用该项目的文档的内容。

3. 重新创建已删除的库项目

若网页中已插入了库项目，但该库项目被误删，此时，可以重新创建库项目。重新创建
已删除库项目的具体操作步骤如下。

（1）在网页中选择被删除的库项目的一个实例。

（2）选择"窗口 > 属性"命令，启用"属性"面板，如图 9-43 所示，单击"重新创建"
按钮，此时在"库"面板中将显示该库项目。

图 9-43

4. 修改库项目

（1）选择"窗口 > 资源"命令，启用"资源"控制面板，单击左侧的"库"按钮 📖，
面板右侧显示本站点的库列表，如图 9-44 所示。

（2）在库列表中双击要修改的库或单击面板底部的"编辑"按钮 📝 来打开库项目，如
图 9-45 所示，此时，可以根据需要修改库内容。

图 9-44

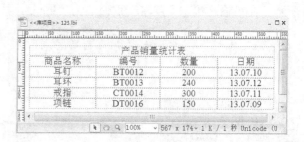

图 9-45

5. 更新库项目

用库项目的最新版本更新整个站点或插入该库项目的所有网页的具体操作步骤如下。

（1）启用"更新页面"对话框。

（2）用库项目的最新版本更新整个站点，首先在"查看"选项右侧的第一个下拉列表中选择"整个站点"，然后从第二个下拉列表中选择站点名称。若更新插入该库项目的所有网页，则在"查看"选项右侧的第一个下拉列表中选择"文件使用……"，然后从第二个下拉列表中选择相应的网页名称。

（3）"在更新"选项组中选择"库项目"复选框。

（4）单击"开始"按钮，即可根据选择更新整个站点或应用特定模板的所有网页。

（5）单击"关闭"按钮，关闭"更新页面"对话框。

9.3.4 课堂案例——老年生活频道

【案例学习目标】使用"资源"面板添加库项目并使用注册的项目制作网页文档。

【案例知识要点】使用"库"面板添加库项目。使用库中注册的项目制作网页文档。使用"文本颜色"按钮更改文本的颜色，如图 9-46 所示。

【效果所在位置】光盘/Ch09/效果/老年生活频道/index.html

1. 把经常用的图标注册到库中

（1）选择"文件 > 打开"命令，在弹出的对话框中选择"Ch09 > 素材 > 老年生活频道 > index.html"文件，单击"打开"按钮，效果如图 9-47 所示。

图 9-46　　　　　　　　　　　　　　　　　　　图 9-47

（2）选择"窗口 > 资源"命令，弹出"资源"控制面板，在"资源"控制面板中，单击左侧的"库"按钮，进入"库"面板，选择如图 9-48 所示的图片，按住鼠标左键将其拖曳到"库"面板中，如图 9-49 所示，松开鼠标左键，选定的图像将添加为库项目，如图 9-50 所示。在可输入状态下，将其重命名为"logo"，按下 Enter 键，如图 9-51 所示。

图 9-48　　　　　　　　图 9-49　　　　　　　　图 9-50　　　　　　　　图 9-51

（3）选择如图 9-52 所示的表格，按住鼠标左键将其拖曳到"库"面板中，松开鼠标左键，选定的图像将其添加为库项目，将其重命名为"daohang"并按 Enter 键，效果如图 9-53 所示。

图 9-52

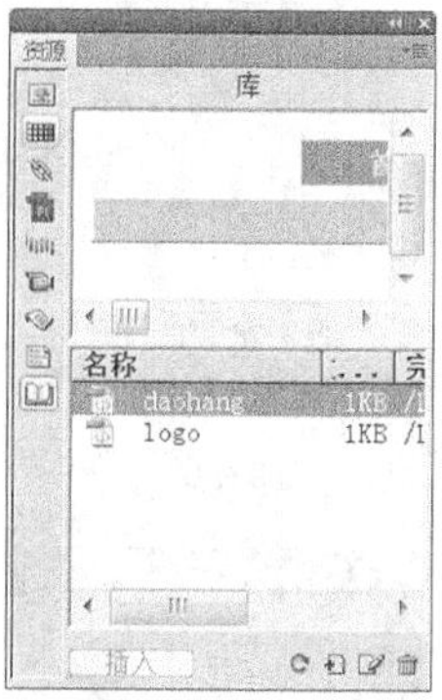

图 9-53

（4）选中如图 9-54 所示表格，按住鼠标左键将其拖曳到"库"面板中，松开鼠标左键，选定的文字添加为库项目，将其重命名为"bottom"并按 Enter 键，效果如图 9-55 所示。文档窗口中文本的背景变成黄色，效果如图 9-56 所示。

图 9-54

图 9-55

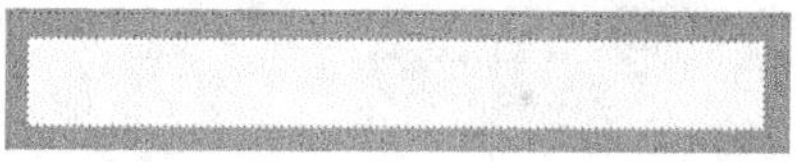

图 9-56

2. 利用库中注册的项目制作网页文档

（1）选择"文件 > 打开"命令，在弹出的对话框中选择"Ch09 > 素材 > 老年生活频道 > health.html"文件，单击"打开"按钮，效果如图 9-57 所示。

（2）将光标置入到上方的单元格中，如图 9-58 所示。选择"库"面板中的"logo"选项，如图 9-59 所示，按住鼠标左键将其拖曳到单元中，如图 9-60 所示，然后松开鼠标，效果如图 9-61 所示。

图 9-57

（3）选择"库"面板中的"daohang"选项，如图 9-62 所示，按住鼠标左键将其拖曳到单元格中，效果如图 9-63 所示。

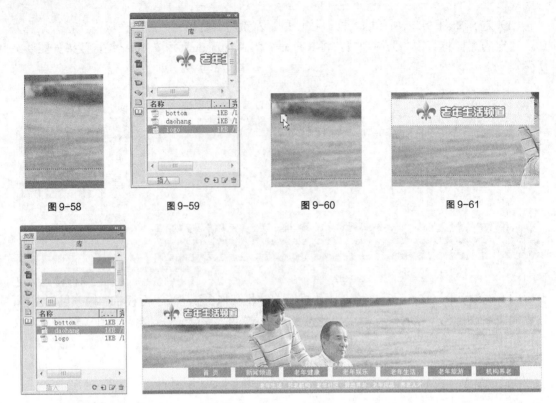

图 9-58　　　　　　图 9-59　　　　　　图 9-60　　　　　　图 9-61

图 9-62　　　　　　　　　　　　　图 9-63

（4）选择"库"面板中的"bottom"选项，如图 9-64 所示，按住鼠标左键将其拖曳到底部的单元格中，效果如图 9-65 所示。

（5）保存文档，按 F12 键预览效果，如图 9-66 所示。

图 9-64　　　　　　　图 9-65　　　　　　　　　　　图 9-66

3．修改库中注册的项目

（1）返回 Dreamweaver CS5 界面中，在"库"面板中双击"bottom"选项，进入到项目的编辑界面中，效果如图 9-67 所示。

（2）按 Shift+F11 快捷键，调出"CSS 样式"面板，单击面板下方的"新建 CSS 规则"按钮，在弹出的"新建 CSS 规则"对话框中进行设置，如图 9-68 所示，单击两次"确定"按钮，完成设置。

图 9-67

图 9-68

（3）将文字选中，如图 9-69 所示。应用 CSS 样式，通过"属性"面板的"文本颜色"按钮 将文本颜色设为黄色（#FF0），如图 9-70 所示，文本效果如图 9-71 所示。

（4）选择"文件 > 保存"命令，弹出"更新库项目"对话框，单击"更新"按钮，弹出"更新页面"对话框，如图 9-72 所示，单击"关闭"按钮。

图 9-69

图 9-70

图 9-71

图 9-72

（5）返回到"index.html"编辑窗口中，按 F12 键预览效果，可以看到文字的颜色发生改变，如图 9-73 所示。

图 9-73

9.4 课堂练习——食谱大全网页

【练习知识要点】使用"另存为模板"命令制作模板页。使用"可编辑区域"和"重复区域"按钮制作可编辑区域和重复可编辑区域效果，如图 9-74 所示。

【效果所在位置】光盘/Ch09/效果/食谱大全网页/index.html

图 9-74

9.5 课后习题——婚礼策划网页

【习题知识要点】使用"库"面板添加库项目。使用库中注册的项目制作网页文档，如图 9-75 所示。

【效果所在位置】光盘/Ch09/效果/婚礼策划网页/index.html

图 9-75

10 Chapter

第 10 章
使用表单

　　随着网络的普及，越来越多的人在网上拥有了自己的个人网站。一般情况下，个人网站的设计者除了想宣传自己外，还希望收到他人的反馈信息。表单为网站设计者提供了通过网络接收其他用户数据的平台，如注册会员页、网上订货页、检索页等，都是通过表单来收集用户信息。可以说，表单是网站管理者与浏览者间沟通的桥梁。

课堂学习目标
- 熟练掌握创建表单和插入文本域的方法
- 掌握复选框和单选按钮的应用技巧
- 掌握列表和菜单的创建方法和技巧

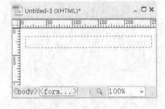

图10-1

10.1 使用表单

表单是一个容器，用来存放表单对象，并负责将表单对象的值提交给服务器端的某个程序处理，所以在添加文本域、按钮等表单对象之前，要先插入表单。

10.1.1 创建表单

在文档中插入表单的具体操作步骤如下。

（1）在文档窗口中，将插入点放在希望插入表单的位置。

（2）启用"表单"命令，文档窗口中出现一个红色的虚轮廓线用来指示表单域，如图10-1所示。

启用"表单"命令有以下几种方法。

（1）单击"插入"面板"表单"选项卡中的"表单"按钮，或直接拖曳"表单"按钮到文档中。

（2）选择"插入 > 表单 > 表单"命令。

提示

一个页面中包含多个表单，每一个表单都是用<form>和</form>标记来标志的。在插入表单后，如果没有看到表单的轮廓线，可选择"查看 > 可视化助理 > 不可见元素"命令来显示表单的轮廓线。

10.1.2 表单的属性

在文档窗口中选择表单，"属性"面板中出现如图10-2所示的表单属性。

图10-2

表单"属性"面板中各选项的作用如下。

"表单 ID"选项：是<form>标记的 name 参数，用于标志表单的名称，每个表单的名称都不能相同。命名表单后，用户就可以使用 JavaScript 或 VBScript 等脚本语言引用或控制该表单。

"动作"选项：是<form>标记的 action 参数，用于设置处理该表单数据的动态网页路径。用户可以在此选项中直接输入动态网页的完整路径，也可以单击选项右侧的"浏览文件"按钮，选择处理该表单数据的动态网页。

"方法"选项：是<form>标记的 method 参数，用于设置将表单数据传输到服务器的方法。可供选择的方法有 POST 方法和 GET 方法两种。POST 方法是在 HTTP 请求中嵌入表单数据，并将其传输到服务器，所以 POST 方法适合于向服务器提交大量数据的情况；GET 方法是将值附加到请求的 URL 中，并将其传输到服务器。GET 方法有 255 个字符的限制，所以适合于向服务器提交少量数据的情况。通常，默认为 POST 方法。

"编码类型"选项：是<form>标记的 enctype 参数，用于设置对提交给服务器处理的数据使用的 MIME 编码类型。MIME 编码类型默认设置为"application/x-www-form-urlencode"，通常与 POST 方法协同使用。如果要创建文件上传域，则指定为"multipart/form-data MIME"类型。

"目标"选项：是<form>标记的 target 参数，用于设置一个窗口，在该窗口中显示处理表单后返回的数据。目标值有以下几种。

"_blank"选项：表示在未命名的新浏览器窗口中打开要链接到的网页。

"_parent"选项：表示在父级框架或包含该链接的框架窗口中打开链接网页。一般使用框架时才选用此选项。如果包含链接的框架不是嵌套的，则链接文件加载到整个浏览器窗口中。

"_self"选项：默认选项，表示在当前窗口中打开要链接到的网页。

"_top"选项：表示在整个浏览器窗口中打开链接网页并删除所有框架。一般使用多级框架时才选用此选项。

"类"选项：表示当前表单的样式，默认状态下为无。

提示

一般不使用 GET 方法发送长表单，因为 URL 的长度被限制在 8192 个字符以内。如果发送的数据量太大，数据将被截断，从而导致意外的丢失或失败的处理结果。如果要收集用户名和密码、信用卡号或其他机密信息，POST 方法看起来似乎比 GET 方法更安全。但实际上由 POST 方法发送的信息是未被加密的，反而容易被黑客获取。若要确保安全，则需要通过安全的连接与安全的服务器相连。

10.1.3　单行文本域

通常使用表单的文本域来接收用户输入的信息，文本域包括单行文本域、多行文本域、密码文本域 3 种。一般情况下，当用户输入较少的信息时，使用单行文本域接收；当用户输入较多的信息时，使用多行文本域接收；当用户输入密码等保密信息时，使用密码文本域接收。

1．插入单行文本域

要在表单域中插入单行文本域，先将光标放在表单轮廓内需要插入单行文本域的位置，然后插入单行文本域，如图 10-3 所示。

插入单行文本域有以下几种方法。

单击"插入"面板"表单"选项卡中的"文本字段"按钮，在文档窗口的表单中出现一个单行文本域。

选择"插入 > 表单 > 文本域"命令，在文档窗口的表单中出现一个单行文本域。

在"属性"面板中显示单行文本域的属性，如图 10-4 所示，用户可根据需要设置该单行文本域的各项属性。

图 10-3

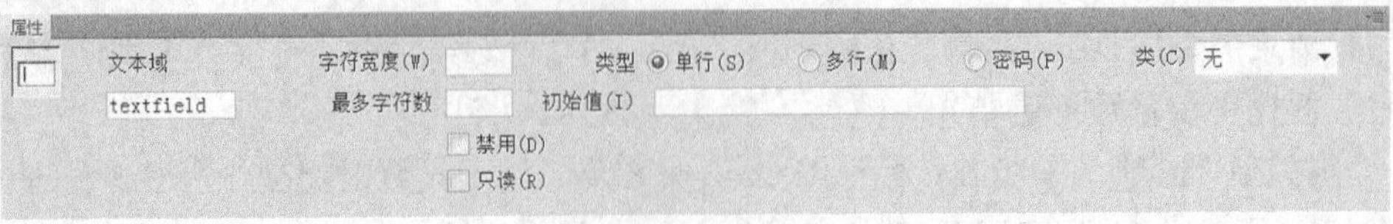

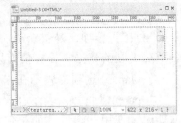

图 10-4

2. 插入多行文本域

若要在表单域中插入多行文本域，先将光标放在表单轮廓内需要插入多行文本域的位置，然后插入多行文本域，如图 10-5 所示。

插入多行文本域有以下几种方法。

单击"插入"面板"表单"选项卡中的"文本区域"按钮，在文档窗口的表单中出现一个多行文本域。

图 10-5

选择"插入 > 表单 > 文本区域"命令，在文档窗口的表单中出现一个多行文本域。

在"属性"面板中显示多行文本域的属性，如图 10-6 所示，用户可根据需要设置该多行文本域的各项属性。

图 10-6

3. 插入密码文本域

若要在表单域中插入密码文本域，则只需在表单轮廓内插入一个单行或多行文本域，如图 10-7 所示。

插入密码文本域有以下几种方法。

单击"插入"面板"表单"选项卡中的"文本字段"按钮或"文本区域"按钮，在文档窗口的表单中出现一个单行或多行文本域。

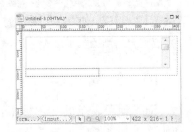

图 10-7

选择"插入 > 表单 > 文本域"或"文本区域"命令，在文档窗口的表单中出现一个单行或多行文本域。

在"属性"面板的"类型"选项组中选择"密码"单选项。此时，多行文本域或单行文本域就变成密码文本域，如图 10-8 所示。

图 10-8

4. 文本域属性

选中表单中的文本域，"属性"面板中出现该文本域的属性，当插入的是单行或密码文本域时，"属性"面板如图 10-9 所示；当插入的是多行文本域时，"属性"面板如图 10-10 所示。"属性"面板中各选项的作用如下。

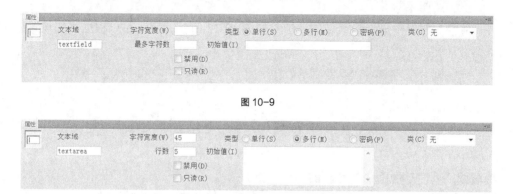

图 10-9

图 10-10

"文本域"选项：用于标志该文本域的名称，每个文本域的名称都不能相同。它相当于表单中的一个变量名，服务器通过这个变量名来处理用户在该文本域中输入的值。

"字符宽度"选项：设置文本域中最多可显示的字符数。当设置"字符宽度"选项后，若是多行文本域，标签中增加 cols 属性，否则标签增加 size 属性。如果用户的输入超过字符宽度，则超出的字符将不被表单指定的处理程序接收。

"最多字符数"选项：设置单行、密码文本域中最多可输入的字符数。当设置"最多字符数"选项后，标签增加 maxlength 属性。如果用户的输入超过最大字符数，则表单产生警告声。

"类型"选项组：设置域文本的类型，可在单行、多行或密码 3 个类型中任选 1 个。

"单行"选项：将产生一个<input>标签，它的 type 属性为 text，这表示此文本域为单行文本域。

"多行"选项：将产生一个<textarea>标签，这表示此文本域为多行文本域。

"密码"选项：将产生一个<input>标签，它的 type 属性为 password，这表示此文本域为密码文本域，即在此文本域中接收的数据均以"*"显示，以保护它不被其他人看到。

"行数"选项：设置文本域的域高度，设置后标签中会增加 rows 属性。

"初始值"选项：设置文本域的初始值，即在首次载入表单时文本域中显示的值。

"类"选项：将 CSS 规则应用于文本域对象。

10.1.4　隐藏域

隐藏域在网页中不显示，只是将一些必要的信息存储并提交给服务器。插入隐藏域的操作类似于在高级语言中定义和初始化变量，对于初学者而言，不建议使用隐藏域。

若要在表单域中插入隐藏域，先将光标放在表单轮廓内需要插入隐藏域的位置，然后插入隐藏域，如图 10-11 所示。

图 10-11

插入隐藏域有以下几种方法。

单击"插入"面板"表单"选项卡中的"隐藏域"按钮，在文档窗口的表单中出现一个隐藏域。

选择"插入 > 表单 > 隐藏域"命令，在文档窗口的表单中出现一个隐藏域。

在“属性”面板中显示隐藏域的属性，如图 10-12 所示，用户可以根据需要设置该隐藏域的各属性。

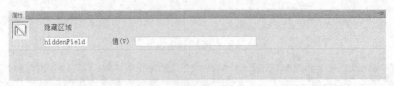

图 10-12

隐藏域“属性”面板中各选项的作用如下。

“隐藏区域”选项：设置变量的名称，每个变量的名称必须是唯一的。

“值”选项：设置变量的值。

10.2 应用复选框和单选按钮

若要从一组选项中选择一个选项，设计时使用单选按钮；若要从一组选项中选择多个选项，设计时使用复选框。

提示

当使用单选按钮时，每一组单选按钮必须具有相同的名称。

10.2.1 单选按钮

为了单选按钮的布局更加合理，通常采用逐个插入单选按钮的方式。若要在表单域中插入单选按钮，先将光标放在表单轮廓内需要插入单选按钮的位置，然后插入单选按钮，如图 10-13 所示。

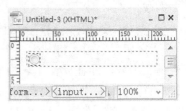

图 10-13

插入单选按钮有以下几种方法。

单击“插入”面板“表单”选项卡中的“单选按钮”按钮 ，在文档窗口的表单中出现一个单选按钮。

选择“插入 > 表单 > 单选按钮”命令，在文档窗口的表单中出现一个单选按钮。

在“属性”面板中显示单选按钮的属性，如图 10-14 所示，可以根据需要设置该单选按钮的各项属性。

单选按钮“属性”面板中各选项的作用如下。

“单选按钮”选项：用于输入该单选按钮的名称。

“选定值”选项：设置此单选按钮代表的值，一般为字符型数据，即当选定该单选按钮时，表单指定的处理程序获得的值。

“初始状态”选项组：设置该单选按钮的初始状态。即当浏览器中载入表单时，该单选按钮是否处于被选中的状态。一组单选按钮中只能有一个按钮的初始状态被选中。

“类”选项：将 CSS 规则应用于单选按钮。

图 10-14

10.2.2　单选按钮组

先将光标放在表单轮廓内需要插入单选按钮组的位置，然后启用"单选按钮组"对话框，如图 10-15 所示。

启用"单选按钮组"对话框有以下几种方法。

单击"插入"面板"表单"选项卡中的"单选按钮组"按钮 ▥。

选择"插入 > 表单 > 单选按钮组"命令。

"单选按钮组"对话框中的选项作用如下。

"名称"选项：用于输入该单选按钮组的名称，每个单选按钮组的名称都不能相同。

➕ "加号"和 ➖ "减号"按钮：用于向单选按钮组内添加或删除单选按钮。

🔺 "向上"和 🔻 "向下"按钮：用于重新排序单选按钮。

"标签"选项：设置单选按钮右侧的提示信息。

"值"选项：设置此单选按钮代表的值，一般为字符型数据，即当用户选定该单选按钮时，表单指定的处理程序获得的值。

"换行符"或"表格"选项：使用换行符或表格来设置这些按钮的布局方式。

根据需要设置该按钮组的每个选项，单击"确定"按钮，在文档窗口的表单中出现单选按钮组，如图 10-16 所示。

图 10-15

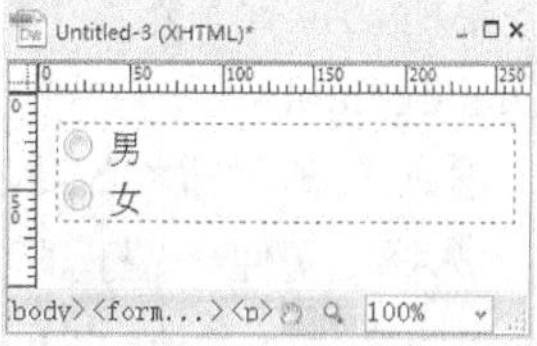

图 10-16

10.2.3　复选框

为了使复选框的布局更加合理，通常采用逐个插入复选框的方式。若要在表单域中插入复选框，先将光标放在表单轮廓内需要插入复选框的位置，然后插入复选框，如图 10-17 所示。

插入复选框有以下几种方法。

单击"插入"面板"表单"选项卡中的"复选框"按钮 ☑，在文档窗口的表单中出现一个复选框。

选择"插入 > 表单 > 复选框"命令，在文档窗口的表单中出现一个复选框。

图 10-17

在"属性"面板中显示复选框的属性,如图 10-18 所示,可以根据需要设置该复选框的各项属性。

图 10-18

"属性"面板中各选项的作用如下。

"复选框名称"选项:用于输入该复选框组的名称。一组复选框中每个复选框的名称相同。

"选定值"选项:设置此复选框代表的值,一般为字符型数据,即当选定该复选框时,表单指定的处理程序获得的值。

"初始状态"选项组:设置该复选框的初始状态,即当浏览器中载入表单时,该复选框是否处于被选中的状态。一组复选框中可以有多个按钮的初始状态为被选中。

"类"选项:将 CSS 规则应用于复选框。

10.2.4 课堂案例——留言板网页

【案例学习目标】使用"表单"按钮为页面添加文本字段、文本区域、单选按钮和复选框。

【案例知识要点】使用"文本字段"按钮插入文本字段。使用"文本区域"按钮插入文本区域。使用"单选"按钮插入单选按钮。使用"复选框"按钮插入复选框,如图 10-19 所示。

【效果所在位置】光盘/Ch10 效果/留言板网页/index.html

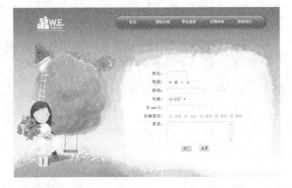

图 10-19

1. 插入文本字段和文本区域

(1)选择"文件 > 打开"命令,在弹出的对话框中选择"Ch10 > 素材 > 留言板网页 > index.html"文件,单击"打开"按钮,效果如图 10-20 所示。

图 10-20

（2）将光标置入到如图 10-21 所示单元格中，在"插入"面板"表单"选项卡中单击"文本字段"按钮，在单元格中插入文本字段，选中文本字段，在"属性"面板中将"字符宽度"选项设为 10，"最多字符数"选项设为 5，如图 10-22 所示。用相同的方法，在其他单元格中插入文本字段，设置适当的字符宽度，效果如图 10-23 所示。

图 10-21　　　　　　　　　　图 10-22　　　　　　　　　　图 10-23

（3）将光标置入到如图 10-24 所示的单元格中，在"插入"面板"表单"选项卡中单击"文本区域"按钮，在单元格中插入文本区域，如图 10-25 所示。选中文本区域，在"属性"面板中将"字符宽度"选项设为 30，"行"选项设为 5，如图 10-26 所示。

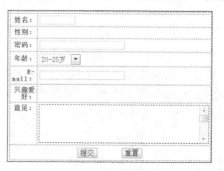

图 10-24　　　　　　　　　　图 10-25　　　　　　　　　　图 10-26

2. 插入单选按钮

（1）将光标置入到如图 10-27 所示的单元格中，在"插入"面板"表单"选项卡中单击"单选按钮"按钮，插入一个单选按钮，效果如图 10-28 所示，在"属性"面板中选择"已勾选"单选项，效果如图 10-29 所示。

（2）将光标放置到单选按钮的后面，输入文字"男"，如图 10-30 所示。选中单选按钮，按 Ctrl+C 组合键复制单选按钮，将光标置入到文字"男"的后面，按 Ctrl+V 组合键粘贴单选按钮，输入文字"女"，选中刚粘贴的单选按钮，在"属性"面板中选择"未勾选"单选项，如图 10-31 所示。

图 10-27　　　　　　　　　　图 10-28　　　　　　　　　　图 10-29

图 10-30   图 10-31

3. 插入复选框

（1）选择"窗口 > CSS 样式"面板，弹出"CSS 样式"面板，单击面板下方的"新建 CSS 规则"按钮，在弹出的对话框中进行设置，如图 10-32 所示，单击"确定"按钮，弹出".text 的 CSS 规则定义"对话框，在"分类"选项列表中选择"类型"选项，将"Color"选项设为红色（#F1521B），单击"确定"按钮，完成设置。

（2）将光标置入到"兴趣爱好"右侧的单元格中，如图 10-33 所示。在"插入"面板"表单"选项卡中单击"复选框"按钮，在单元格中插

图 10-32

入复选框，在复选框的右侧输入文字"体育"，并应用样式，效果如图 10-34 所示。使用相同的方法再次插入复选框，并分别输入文字，应用样式，效果如图 10-35 所示。

图 10-33   图 10-34   图 10-35

（3）保存文档，按 F12 键预览效果，如图 10-36 所示。

图 10-36

10.3 创建列表和菜单

在表单中有两种类型的菜单，一种是下拉菜单，另一种是滚动列表，如图 10-37 所示，它们都包含一个或多个菜单列表选择项。当需要用户在预先设定的菜单列表选择项中选择一个或多个选项时，可使用"列表与菜单"功能创建下拉菜单或滚动列表。

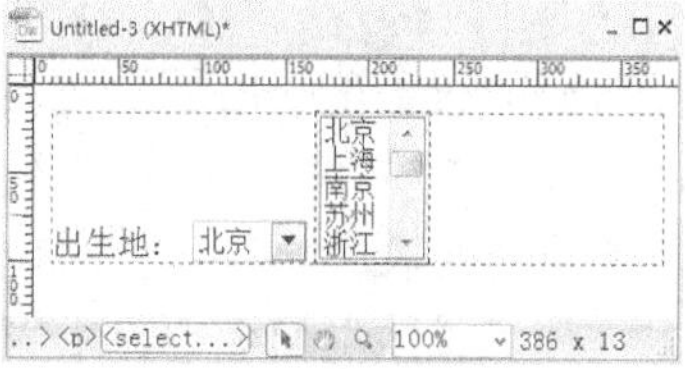

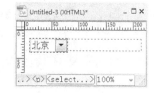

图 10-37

10.3.1 创建列表和菜单

1. 插入下拉菜单

若要在表单域中插入下拉菜单，先将光标放在表单轮廓内需要插入菜单的位置，然后插入下拉菜单，如图 10-38 所示。

插入下拉菜单有以下几种方法。

单击"插入"面板"表单"选项卡中的"列表/菜单"按钮，在文档窗口的表单中出现下拉菜单。

图 10-38

选择"插入 > 表单 > 列表/菜单"命令，在文档窗口的表单中出现下拉菜单。

在"属性"面板中显示下拉菜单的属性，如图 10-39 所示，可以根据需要设置该下拉菜单。

图 10-39

下拉菜单"属性"面板中各选项的作用如下。

"列表/菜单"选项：用于输入该下拉菜单的名称。每个下拉菜单的名称都必须是唯一的。

"类型"选项组：设置菜单的类型。若添加下拉菜单，则选择"菜单"单选项；若添加可滚动列表，则选择"列表"单选项。

"列表值"按钮：单击此按钮，弹出一个如图 10-40 所示的"列表值"对话框，在该对话框中单击"加号"按钮■或"减号"按钮■向下拉菜单中添加或删除列表项。菜单项在列表中出现的顺序与在"列表值"对话框中出现的顺序一致。在浏览器载入页面时，列表中的第一个选项是默认选项。

图 10-40

"初始化时选定"选项：设置下拉菜单中默认选择的菜单项。

"类"选项：将 CSS 规则应用于复选框。

2. 插入滚动列表

若要在表单域中插入滚动列表，先将光标放在表单轮廓内需要插入滚动列表的位置，然后插入滚动列表，如图 10-41 所示。

插入滚动列表有以下几种方法。

单击"插入"面板"表单"选项卡的"列表/菜单"按钮 ，在文档窗口的表单中出现滚动列表。

选择"插入 > 表单 > 列表/菜单"命令，在文档窗口的表单中出现滚动列表。

在"属性"面板中显示滚动列表的属性，如图 10-42 所示，可以根据需要设置该滚动列表。

图 10-41

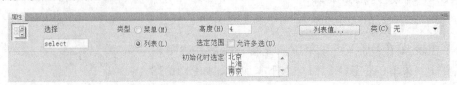

图 10-42

滚动列表"属性"面板中各选项的作用如下。

"列表/菜单"选项：用于输入该滚动列表的名称。每个滚动列表的名称都必须是唯一的。

"类型"选项组：设置菜单的类型。若添加下拉菜单，则选择"菜单"单选项；若添加滚动列表，则选择"列表"单选项。

"高度"选项：设置滚动列表的高度，即列表中一次最多可显示的项目数。

"选定范围"选项：设置用户是否可以从列表中选择多个项目。

"初始化时选定"选项：设置滚动列表中默认选择的菜单项。若在"选定范围"选项中选择"允许多选"复选框，则可在按住 Ctrl 键的同时单击选择"初始化时选定"域中的一个或多个初始化选项。

"列表值"按钮：单击此按钮，弹出一个如图 10-43 所示的"列表值"对话框，在该对话框中单击"加号"按钮 或"减号"按钮 向下拉菜单中添加或删除列表项。菜单项在列表中出现的顺序与在"列表值"对话框中出现的顺序一致。在浏览器中载入页面时，列表中的第一个选项是默认选项。

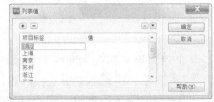

图 10-43

10.3.2 创建跳转菜单

利用跳转菜单，设计者可将某个网页的 URL 地址与菜单列表中的选项建立关联。当用户浏览网页时，只要从跳转菜单列表中选择一菜单项，就会打开相关联的网页。

在网页中插入跳转菜单的具体操作步骤如下。

（1）将光标放在表单轮廓内需要插入跳转菜单的位置。

（2）启用"插入跳转菜单"命令，调出"插入跳转菜单"对话框，如图 10-44 所示。

启用"插入跳转菜单"对话框有以下几种方法。

在"插入"面板"表单"选项卡中单击"跳转菜单"按钮 。

选择"插入 > 表单 > 跳转菜单"命令。

"插入跳转菜单"对话框中各选项的作用如下。

"加号"按钮➕和"减号"按钮➖：添加或删除菜单项。

"向上"按钮🔼和"向下"按钮🔽：在菜单项列表中移动当前菜单项，设置该菜单项在菜单列表中的位置。

"菜单项"选项：显示所有菜单项。

"文本"选项：设置当前菜单项的显示文字，它会出现在菜单列表中。

图 10-44

"选择时，转到 URL"选项：为当前菜单项设置浏览者单击它时要打开的网页地址。

"打开 URL 于"选项：设置打开浏览网页的窗口，包括"主窗口"和"框架"两个选项。"主窗口"选项表示在同一个窗口中打开文件，"框架"选项表示在所选中的框架中打开文件，但选择"框架"选项前应先给框架命名。

"菜单 ID"选项：设置菜单的名称，每个菜单的名称都不能相同。

"菜单之后插入前往按钮"选项：设置在菜单后是否添加"前往"按钮。

"更改 URL 后选择第一个项目"选项：设置浏览者通过跳转菜单打开网页后，该菜单项是否是第一个菜单项目。

在对话框中进行设置，如图 10-45 所示，单击"确定"按钮完成设置，效果如图 10-46 所示。

图 10-45

图 10-46

（3）保存文档，在 IE 浏览器中单击"前往"按钮，网页就可以跳转到其关联的网页上，效果如图 10-47 所示。

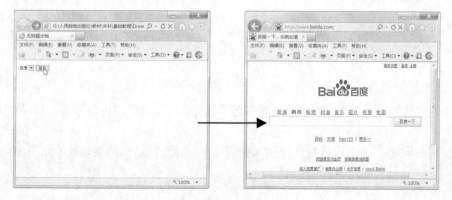

图 10-47

10.3.3　课堂案例——健康测试网页

【案例学习目标】使用"表单"选项卡中的
按钮插入列表。

【案例知识要点】使用"列表/菜单"按钮插
入列表。使用"属性"面板设置列表属性，如图
10-48 所示。

【效果所在位置】光盘/Ch10/效果/健康测试
网页/ index.html

（1）选择"文件 > 打开"命令，在弹出的
对话框中选择"Ch10 > 素材 > 健康测试网页 >
index.html"文件，单击"打开"按钮，效果如图
10-49 所示。

图 10-48

（2）将光标置入到如图 10-50 所示的位置，在"插入"面板"表单"选项卡中单击"选
择（列表/菜单）"按钮，插入列表菜单，如图 10-51 所示。在"属性"面板中单击"列表
值"按钮，弹出"列表值"对话框，在对话框中添加如图 10-52 所示的内容，添加完成后单
击"确定"按钮。

图 10-49

图 10-50

图 10-51

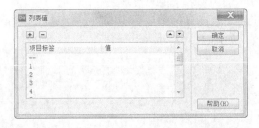

图 10-52

（3）在"属性"面板"初始化时选定"选项设为"- -"，如图 10-53 所示，效果如图 10-54
所示。

（4）用相同的方法在适当的位置插入列表菜单，并设置适当的值，效果如图 10-55 所示。

图 10-53　　　　　　　　　　　　　　　　　　　图 10-54

图 10-55

（5）保存文档，按 F12 键预览效果，如图 10-56 所示。单击"月"选项左侧的下拉列表，可以选择任意选项，如图 10-57 所示。

图 10-56

图 10-57

10.3.4　创建文件域

网页中要实现上传文件的功能，需要在表单中插入文件域。文件域的外观与其他文本域类似，只是文件域还包含一个"浏览"按钮，如图 10-58 所示。用户浏览时可以手动输入要上传的文件路径，也可以使用"浏览"按钮定位并选择该文件。

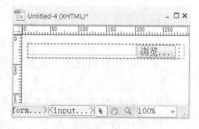

图 10-58

 提示

文件域要求使用 POST 方法将文件从浏览器传输到服务器上，该文件被发送服务器的地址由表单的"操作"文本框所指定。

若要在表单域中插入文件域，则先将光标放在表单轮廓内需要插入文件域的位置，然后插入文件域，如图 10-59 所示。

插入文件域有以下几种方法。

将光标置于单元格中，单击"插入"面板"表单"选项卡中的"文件域"按钮，在文档窗口中的单元格中出现一个文件域。

选择"插入 > 表单 > 文件域"命令，在文档窗口的表单中出现一个文件域。

在"属性"面板中显示文件域的属性，如图 10-60 所示，可以根据需要设置该文件域的各项属性。

图 10-59

文件域"属性"面板各选项的作用如下。

"文件域名称"选项：设置文件域对象的名称。

"字符宽度"选项：设置文件域中最多可输入的字符数。

图 10-60

"最多字符数"选项：设置文件域中最多可容纳的字符数。如果用户通过"浏览"按钮来定位文件，则文件名和路径可超过指定的"最多字符数"的值。但是，如果用户手工输入文件名和路径，则文件域仅允许键入"最多字符数"值所指定的字符数。

"类"选项：将 CSS 规则应用于文件域。

 提示

在使用文件域之前，要与服务器管理员联系，确认允许使用匿名文件上传，否则此选项无效。

10.3.5　创建图像域

普通的按钮很不美观，为了设计需要，常使用图像代替按钮。通常使用图像按钮来提交数据。

插入图像按钮的具体操作步骤如下。

（1）将光标放在表单轮廓内需要插入的位置。

（2）启用"选择图像源文件"对话框，选择作为按钮的图像文件，如图 10-61 所示。

启用"选择图像源文件"对话框有以下几种方法。

单击"插入"面板"表单"选项卡中的"图像域"按钮。

选择"插入 > 表单 > 图像域"命令。

（3）在"属性"面板中出现如图 10-62 所示的图像按钮的属性，可以根据需要设置该图像按钮的各项属性。

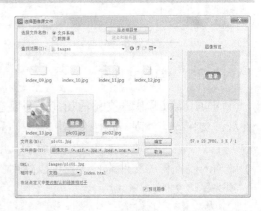

图 10-61

图 10-62

图像按钮"属性"面板中各选项的作用如下。

"图像区域"选项：为图像按钮指定一个名称。"提交"和"重置"是两个保留名称，"提交"是通知表单将表单数据提交给处理程序或脚本，"重置"是将所有表单域重置为其原始值。

"源文件"选项：设置要为按钮使用的图像。

"替换"选项：用于输入描述性文本，一旦图像在浏览器中载入失败，将在图像域的位置显示文本。

"对齐"选项：设置对象的对齐方式。

"编辑图像"按钮：启动默认的图像编辑器并打开该图像文件进行编辑。

"类"选项：将 CSS 规则应用于图像域。

（4）若要将某个 JavaScript 行为附加到该按钮上，则选择该图像，然后在"行为"控制面板中选择相应的行为。

（5）完成设置后保存并预览网页，效果如图 10-63 所示。

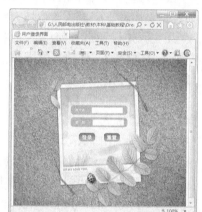

图 10-63

10.3.6 提交、无、重置按钮

按钮的作用是控制表单的操作。一般情况下，表单中设有提交按钮、重置按钮和普通按钮 3 种按钮。提交按钮的作用是将表单数据提交到表单指定的处理程序中进行处理；重置按钮的作用是将表单的内容还原为初始状态。

若要在表单域中插入按钮，先将光标放在表单轮廓内需要插入按钮的位置，然后插入按钮，如图 10-64 所示。

插入按钮有以下几种方法。

图 10-64

单击"插入"面板"表单"选项卡中的"按钮"按钮□，在文档窗口的表单中出现一个按钮。

选择"插入 > 表单 > 按钮"命令，在文档窗口的表单中出现一个按钮。

在"属性"面板中显示按钮的属性，如图 10-65 所示。可以根据需要设置该按钮的各项属性。

图 10-65

按钮"属性"面板各选项的作用如下。

"按钮名称"选项：用于输入该按钮的名称，每个按钮的名称都不能相同。

"值"选项：设置按钮上显示的文本。

"动作"选项组：设置用户单击按钮时将发生的操作。有以下 3 个选项。

⊙ "提交表单"选项：当用户单击按钮时，将表单数据提交到表单指定的处理程序处理。

⊙ "重设表单"选项：当用户单击按钮时，将表单域内的各对象值还原为初始值。

⊙ "无"选项：当用户单击按钮时，选择不为该按钮附加行为或脚本。

"类"选项：将 CSS 规则应用于按钮。

10.3.7 课堂案例——OA 登录系统页面

【案例学习目标】使用"表单"选项卡为网页添加文本字段、图像域和按钮。

【案例知识要点】使用"文本字段"按钮插入文本字段。使用图像域按钮插入图像域，如图 10-66 所示。

【效果所在位置】光盘/Ch10/效果/OA 登录系统页面/index.html

图 10-66

1. 插入表单和表格

（1）选择"文件 > 打开"命令，在弹出的对话框中选择"Ch10 > 素材 > OA 登录系统页面 > index.html"文件，单击"打开"按钮，效果如图 10-67 所示。将光标置入到单元格中，如图 10-68 所示。

图 10-67

图 10-68

（2）在"插入"面板"表单"选项卡中单击"表单"按钮▢，如图 10-69 所示。在"插入"面板"常用"选项卡中单击"表格"按钮▦，在弹出的"表格"对话框中将"行数"选项设为 6，"列"选项设为 1，"表格宽度"选项设为 250，在右侧的下拉列表中选择"像素"，"边框粗细"、"单元格边距"和"单元格间距"选项均设为 0，单击"确定"按钮，保持表格的选取状态，在"属性"面板"对齐"选项的下拉列表中选择"居中对齐"选项，效果如图 10-70 所示。

图 10-69　　　　　　　　　　　　　　图 10-70

（3）将光标置入到第 1 行单元格中，输入文字，如图 10-71 所示。用相同的方法在其他单元格中输入文字，效果如图 10-72 所示。

（4）将光标置入到第 5 行单元格中，在"插入"面板"常用"选项卡中单击"图像"按钮 ，在弹出的"选择图像源文件"对话框中选择光盘"Ch10 > 素材 > OA 登录系统页面 > images"文件夹中的"img_14.jpg"，单击"确定"按钮完成图片的插入，效果如图 10-73 所示。

图 10-71　　　　　　　　　　图 10-72　　　　　　　　　　图 10-73

2. 插入文本字段

（1）将光标置入到第 1 行单元格中，如图 10-74 所示。在"插入"面板"表单"选项卡中单击"文本字段"按钮 ，在单元格中插入文本字段，选中文本字段，在"属性"面板中将"字符宽度"选项设为 15，如图 10-75 所示。

（2）用相同的方法在其他单元格中插入文本字段，设置适当的字符宽度，效果如图 10-76 所示。

图 10-74　　　　　　　　　　图 10-75　　　　　　　　　　图 10-76

3. 插入文本字段

（1）将光标置入到第 4 行单元格中，在"属性"面板"水平"选项的下拉列表中选择"居中对齐"选项。在"插入"面板"表单"选项卡中单击"图像域"按钮，弹出"选择源文件"对话框，在弹出的对话框中选择"Ch10 > 素材 > OA 登录系统页面> images"文件夹中的"img_07.jpg"文件，单击"确定"按钮，效果如图 10-77 所示。

（2）用相同的方法制作出如图 10-78 所示的效果。保存文档，按 F12 键预览效果，如图 10-79 所示。

图 10-77   图 10-78   图 10-79

10.4 课堂练习——问卷调查网页

【练习知识要点】使用"复选框"按钮插入多个复选框，如图 10-80 所示。
【效果所在位置】光盘/Ch10/效果/问卷调查网页/index.html

图 10-80

10.5 课后习题——订购单网页

【习题知识要点】使用"文本字段"按钮、"列表/菜单"按钮、单选按钮、复选框及提交按钮制作订购单效果，如图 10-81 所示。

【效果所在位置】光盘/Ch10/效果/订购单网页/index.html

图 10-81

11

Chapter

第 11 章
使用行为

Dreamweaver CS5 的行为是将内置的 JavaScript 代码放置在文档中，以实现 Web 页的动态效果。本章将介绍如何使用行为并为其应用相应的事件来实现网页的动态、交互效果。

课堂学习目标
- 行为
- 动作

11.1 行为

　　行为可理解成是在网页中选择的一系列动作，以实现用户与网页间的交互。行为代码是
Dreamweaver CS5 提供的内置代码，运行于客户端的浏览器中。

11.1.1 "行为"控制面板

　　用户习惯于使用"行为"控制面板为网页元素指定动作和事件。
在文档窗口中，选择"窗口 > 行为"命令，启用"行为"控制面板，
如图 11-1 所示。

　　"行为"控制面板由以下几部分组成。

　　"添加行为"按钮 ＋：单击该按钮，弹出动作菜单，即可添加行
为。添加行为时，从动作菜单中选择一个行为即可。

　　"删除事件"按钮 －：在控制面板中删除所选的事件和动作。

图 11-1

　　"增加事件值"按钮 ▲、"降低事件值"按钮 ▼：控制在面板中
通过上、下移动所选择的动作来调整动作的顺序。在"行为"控制面板中，所有事件和动作
按照它们在控制面板中的显示顺序实现，设计时要根据实际情况调整动作的顺序。

11.1.2 应用行为

1．将行为附加到网页元素上

　　（1）在文档窗口中选择一个元素，如一个图像或一个链接。若要将行为附加到整个网页，
则单击文档窗口左下侧的标签选择器的 <body> 标签。

　　（2）选择"窗口 > 行为"命令，启用"行为"
控制面板。

　　（3）单击"添加行为"按钮 ＋，并在弹出的菜
单中选择一个动作，如图 11-2 所示，将弹出相应的
参数设置对话框，在其中进行设置后，单击"确定"
按钮。

　　（4）在"行为"面板的"事件"列表中显示动
作的默认事件，单击该事件，会出现箭头按钮 ▼，单

图 11-2　　　　图 11-3

击 ▼ 按钮，弹出包含全部事件的事件列表，如图 11-3 所示，用户可根据需要选择相应的事件。

提示

*Dreamweaver CS5 提供的所有动作都可以用于 IE 4.0 或更高版本的浏览器中。某些动作不
能用于较早版本的浏览器中。*

2．将行为附加到文本上

　　将某个行为附加到所选的文本上，具体操作步骤如下。

（1）为文本添加一个空链接。

（2）选择"窗口 > 行为"命令，启用"行为"控制面板。

（3）选中链接文本，单击"添加行为"按钮 ，从弹出的菜单中选择一个动作，如"弹出信息"动作，并在弹出的对话框中设置该动作的参数，如图 11-4 所示。

（4）在"行为"控制面板的"事件"列表中显示动作的默认事件，单击该事件，会出现箭头按钮 ，单击 按钮，弹出包含全部事件的事件列表，如图 11-5 所示。用户可根据需要选择相应的事件。

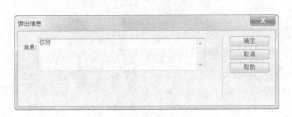

图 11-4　　　　　　　　　　　　　　　　　　图 11-5

11.2　动作

动作是系统预先定义好的选择指定任务的代码。因此，用户需要了解系统所提供的动作，掌握每个动作的功能以及实现这些功能的方法。下面将介绍常用动作。

所有动作的使用都在"行为"控制面板中进行，启用"行为"控制面板有以下几种方法。

选择"窗口 > 行为"命令。

按 Shift+F4 快捷键。

11.2.1　打开浏览器窗口

"打开浏览器窗口"动作的功能是在一个新的窗口中打开指定网页。此行为可以指定新窗口的属性、特性和名称，是否可以调整窗口大小、是否具有菜单栏等。

（1）打开一个网页文件，如图 11-6 所示。选择一张图片，如图 11-7 所示。

图 11-6　　　　　　　　　　　　　　　　　　图 11-7

（2）启用"行为"控制面板，单击"添加行为"按钮 ，并从弹出的菜单中选择"打开浏览器窗口"动作，弹出"打开浏览器窗口"对话框，在对话框中根据需要设置相应参数，如图 11-8 所示，单击"确定"按钮完成设置。

对话框中各选项的作用如下。

"要显示的 URL"选项：是必选项，用于设置
要显示网页的地址。

"窗口宽度"和"窗口高度"选项：以像素为
单位设置窗口的宽度和高度。

"属性"选项组：根据需要选择下列复选框以
设定窗口的外观。

图 11-8

⊙"导航工具栏"复选框：设置是否在浏览器顶部显示导航工具栏。导航工具栏包括"后
退"、"前进"、"主页"和"重新载入"等一组按钮。

⊙"地址工具栏"复选框：设置是否在浏览器顶部显示地址栏。

⊙"状态栏"复选框：设置是否在浏览器窗口底部显示状态栏，用以显示提示、状态等
信息。

⊙"菜单条"复选框：设置是否在浏览器顶部显示菜单，包括"文件"、"编辑"、"查看"、
"转到"和"帮助"等菜单项。

⊙"需要时使用滚动条"复选框：设置在浏览器的内容超出可视区域时，是否显示滚动条。

⊙"调整大小手柄"复选框：设置是否能够调整窗口的大小。

"窗口名称"选项：输入新窗口的名称。因为通过 JavaScript 使用链接指向新窗口或控
制新窗口，所以应该对新窗口进行命名。

 提示

如果不指定该窗口的任何属性，在打开时它的大小和属性与打开它的窗口相同。

（3）添加行为时，系统自动为用户选择了事件"onClick"。需要调整事件，单击该事件，
会出现箭头按钮▼，单击▼，选择"onMouseOver（鼠标指针经过）"选项，"行为"控制面
板中的事件立即改变，如图 11-9 所示。

（4）使用相同的方法，为其他图片添加行为。

（5）按 F12 键浏览网页，当鼠标指针经过小图片时，会弹出一个窗口，显示大图片，如
图 11-10 所示。

图 11-9

图 11-10

11.2.2　转到 URL

"转到 URL"动作的功能是在当前窗口或指定的框架中打开一个新页。此操作尤其适用于通过一次单击操作更改两个或多个框架的内容。

使用"转到 URL"动作的具体操作步骤如下。

（1）选择一个网页元素对象并启用"行为"控制面板。

（2）单击"添加行为"按钮 ，并从弹出的菜单中选择"转到 URL"动作，弹出"转到URL"对话框，如图 11-11 所示。在对话框中根据需要设置相应选项，单击"确定"按钮完成设置。

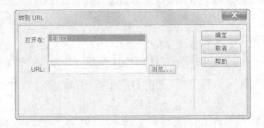

图 11-11

对话框中各选项的作用如下：

"打开在"选项：列表自动列出当前框架集中所有框架的名称以及主窗口。如果没有任何框架，则主窗口是唯一的选项。

"URL"选项：单击"浏览"按钮选择要打开的文档，或输入网页文件的地址。

（3）如果不是默认事件，则单击该事件，会出现箭头按钮 ，单击 ，弹出包含全部事件的事件列表，用户可根据需要选择相应的事件。

（4）按 F12 键浏览网页。

11.2.3　检查插件

"检查插件"动作的功能是根据判断用户是否安装了指定的插件，以决定是否将页面转到不同的页。

使用"检查插件"动作的具体操作步骤如下。

（1）选择一个网页元素对象并启用"行为"控制面板。

（2）在"行为"控制面板中单击"添加行为"按钮 ，并从弹出的菜单中选择"检查插件"动作，弹出"检查插件"对话框，如图 11-12 所示。在对话框中根据需要设置相应选项，单击"确定"按钮完成设置。

图 11-12

对话框中各选项的作用如下。

"插件"选项组：设置插件对象，包括选择和输入插件名称两种方式。若选择"选择"单选项，则从其右侧的弹出下拉菜单中选择一个插件。若选择"输入"单选项，则在其右侧的文本框中输入插件的确切名称。

"如果有，转到 URL"选项：为具有该插件的浏览者指定一个网页地址。若要让具有该插件的浏览者停留在同一页上，则将此选项空着。

"否则，转到 URL"选项：为不具有该插件的浏览者指定一个替代网页地址。若要让具有和不具有该插件的浏览者停留在同一网页上，则将此选项空着。默认情况下，当不能实现检测时，浏览者被发送到"否则，转到 URL"文本框中列出的 URL。

"如果无法检测，则始终转到第一个 URL"选项：当不能实现检测时，想让浏览者被发送到"如果有，转到 URL"选项指定的网页，则选择此复选框。通常，若插件内容对于用户的网页而言是不必要的，则保留此复选框的未选中状态。

（3）如果不是默认事件，则单击该事件，会出现箭头按钮，单击，弹出包含全部事件的事件列表，用户可根据需要选择相应的事件。

（4）按 F12 键浏览网页。

11.2.4　检查表单

"检查表单"动作的功能是检查指定文本域的内容以确保用户输入了正确的数据类型。若使用 onBlur 事件将"检查表单"动作分别附加到各文本域，则在用户填写表单时对域进行检查。若使用 onSubmit 事件将"检查表单"动作附加到表单，则在用户单击"提交"按钮时，同时对多个文本域进行检查。将"检查表单"动作附加到表单，能防止将表单中任何指定文本域内的无效数据提交到服务器。

使用"检查表单"动作的具体操作步骤如下。

（1）选择文档窗口下部的表单<form>标签，启用"行为"控制面板。

（2）在"行为"控制面板中单击"添加行为"按钮，并从弹出的菜单中选择"检查表单"动作，弹出"检查表单"对话框，如图 11-13 所示。

对话框中各选项的作用如下。

"域"选项：在列表框中选择表单内需要进行检查的其他对象。

图 11-13

"值"选项：设置在"域"选项中选择的表单对象的值是否在用户浏览表单时必须设置。

"可接受"选项组：设置"域"选项中选择的表单对象允许接受的值。允许接受的值包含以下几种类型。

"任何东西"单选项：设置检查的表单对象中可以包含任何特定类型的数据。

"电子邮件地址"单选项：设置检查的表单对象中可以包含一个"@"符号。

"数字"单选项：设置检查的表单对象中只包含数字。

"数字从…到…"单选项：设置检查的表单对象中只包含特定范围内的数字。

在对话框中根据需要设置相应选项，先在"域"选项中选择要检查的表单对象，然后在"值"选项中设置是否必须检查该表单对象，再在"可接受"选项组中设置表单对象允许接受的值，最后单击"确定"按钮完成设置。

（3）如果不是默认事件，则单击该事件，会出现箭头按钮，单击，弹出包含全部事件的事件列表，用户可根据需要选择相应的事件。

（4）按 F12 键浏览网页。

在用户提交表单时，如果要检查多个表单对象，则 onSubmit 事件自动出现在"行为"面板控制的"事件"弹出菜单中。如果要分别检查各个表单对象，则检查默认事件是否是 onBlur 或 onChange 事件。当用户从要检查的表单对象移开鼠标指针时，这两个事件都触发"检查表单"动作。它们之间的区别是 onBlur 事件不管用户是否在该表单对象中输入内容都会发生，而 onChange 事件只有在用户更改了该表单对象的内容时才发生。当表单对象是必须检查的表单对象时，最好使用 onBlur 事件。

11.2.5　交换图像

"交换图像"动作通过更改<img>标签的 src 属性将一个图像和另一个图像进行交换。"交换图像"动作主要用于创建当鼠标指针经过时产生动态变化的按钮。

使用"交换图像"行为的具体操作步骤如下。

（1）若文档中没有图像，则选择"插入 > 图像"命令或单击"插入"面板"常用"选项卡中的"图像"按钮来插入一个图像。若当鼠标指针经过一个图像要使多个图像同时变换成相同的图像时，则需要插入多个图像。

（2）选择一个将交换的图像对象，并启用"行为"控制面板。

（3）在"行为"控制面板中单击"添加行为"按钮，并从弹出的菜单中选择"交换图像"动作，弹出"交换图像"对话框，如图 11-14 所示。

在对话框中各选项的作用如下。

"图像"选项：选择要更改其源的图像。

"设定原始档为"选项：输入新图像的路径和文件名或单击"浏览"按钮选择新图像文件。

图 11-14

"预先载入图像"复选框：设置是否在载入网页时将新图像载入到浏览器的缓存中。若选择此复选框，则防止由于下载而导致图像出现的延迟。

"鼠标滑开时恢复图像"复选框：设置是否在鼠标指针滑开时恢复图像。若选择此复选框，则会自动添加"恢复交换图像"动作，将最后一组交换的图像恢复为它们以前的源文件，这样，就会出现连续的动态效果。

根据需要从"图像"选项框中，选择要更改其源的图像；在"设定原始档为"文本框中输入新图像的路径和文件名或单击"浏览"按钮选择新图像文件；选择"预先载入图像"和"鼠标滑开时恢复图像"复选框，然后单击"确定"按钮完成设置。

（4）如果不是默认事件，则单击该事件，会出现箭头按钮，单击，弹出包含全部事件的事件列表，用户可根据需要选择相应的事件。

（5）按 F12 键浏览网页。

提示

因为只有 src 属性受此动作的影响，所以用户应该换入一个与原图像具有相同高度和宽度的图像。否则，换入的图像显示时会被压缩或扩展，以使其适应原图像的尺寸。

11.2.6　显示隐藏层

"显示-隐藏层"动作的功能是显示、隐藏或恢复一个或多个层的默认可见性。利用此动作可制作下拉菜单等特殊效果。

使用"显示-隐藏层"动作的具体操作步骤如下。

（1）新建一个空白页面。

（2）在页面中插入一个 1 列 3 行的表格，将插入点放在单元格中。单击"插入"面板"常用"选项卡中的"图像"按钮，弹出如图 11-15 所示的"选择图像源文件"对话框，然后在每个单元格中插入一幅图片。

（3）分别选中每个图片，在"属性"面板中将其"宽"、"高"分别设为"150"、"108"，为每张图片设置空链接，如图 11-16 所示。

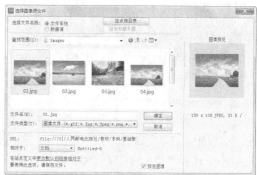

图 11-15

图 11-16

（4）选中表格，在"属性"面板中设置表格的"间距"为"10"，如图 11-17 所示，设置完成后表格及页面效果如图 11-18 所示。

图 11-17

图 11-18

（5）在"插入"面板"布局"选项卡中选择"绘制 AP Div"按钮，文档窗口右侧创建一个层，并插入第一幅图片的原图像，如图 11-19 所示。

（6）使用相同的方法，在第一个层的位置上再插入 2 个层，然后分别在这 2 个层中插入左侧小图的原图像并调整其位置，如图 11-20 所示。

图 11-19

图 11-20

（7）选择左侧表格中的第一幅图片，在"行为"面板中单击"添加行为"按钮 ，并从弹出的菜单中选择"显示-隐藏元素"动作，弹出"显示-隐藏元素"对话框，如图 11-21 所示。

对话框中各选项的作用如下。

"元素"选项框：显示和选择要更改其可见性的层。

"显示"按钮：单击此按钮以显示在"元素"选项中选择的层。

"隐藏"按钮：单击此按钮以隐藏在"元素"选项中选择的层。

"默认"按钮：单击此按钮以恢复层的默认可见性。

（8）选择第一幅图片的大图所在的层，单击"显示"按钮，然后分别选择其他不显示的层并单击"隐藏"按钮将它们设为隐藏状态，如图 11-22 所示。

（9）单击"确定"按钮后，在"行为"控制面板中即可显示"显示-隐藏层"行为"onClick"事件，如图 11-23 所示。

图 11-21

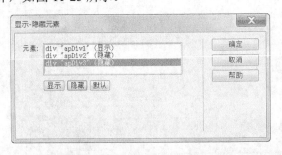

图 11-22

图 11-23

（10）重复步骤（7）～（9），将左侧小图片对应的大图片所在的层设置为"显示"，而将其他层"隐藏"，并设置其行为事件。

（11）为了在预览网页时显示基本图片，可选定<body>标记，如图 11-24 所示。

（12）在"行为"控制面板中打开"显示-隐藏元素"对话框，在对话框中进行设置，如

图 11-25 所示，单击"确定"按钮完成设置。

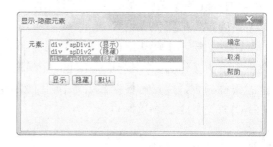

图 11-24　　　　　　　　　　　　　　　　　　图 11-25

（13）在"行为"控制面板中的事件为"onload"。

（14）按 F12 键，可预览效果，这时在浏览器中会显示"Div1"的基本图片，如图 11-26 所示。单击其他小图片则可显示相应的大图片，如图 11-27 所示。

图 11-26　　　　　　　　　　　　　　　　　　图 11-27

11.2.7　设置容器的文本

"设置容器的文本"动作的功能是用指定的内容替换网页上现有层的内容和格式。该内容可以包括任何有效的 HTML 源代码。

虽然"设置容器的文本"将替换层的内容和格式设置，但保留层的属性，包括颜色。通过在"设置容器的文本"对话框的"新建 HTML"选项的文本框中加入 HTML 标签，可对内容进行格式设置。

使用"设置层文本"动作的具体操作步骤如下。

（1）选择"插入"面板"布局"选项卡中的"绘制 AP Div"按钮，在"设计"视图中拖曳出一个图层。在"属性"面板的"层编号"选项中输入层的唯一名称。

（2）在文档窗口中选择一个对象，如文字、图像、按钮等，并启用"行为"控制面板。

（3）在"行为"控制面板中单击"添加行为"按钮，并从弹出的菜单中选择"设置文本 > 设置容器的文本"动作，弹出"设置容器的文本"对话框，如图 11-28 所示。

对话框中各选项的作用如下。

"容器"选项：选择目标层。

"新建 HTML"选项：输入层内显示的消息或相应的 JavaScript 代码。

在对话框中根据需要选择相应的层，并在"新建 HTML"选项中输入层内显示的消息，单击"确定"按钮完成设置。

（4）如果不是默认事件，则单击该事件，会出现箭头按钮▼，单击▼，弹出包含全部事件的事件列表，用户可根据需要选择相应的事件。

（5）按 F12 键浏览网页。

图 11-28

　提示

可以在文本中嵌入任何有效的 JavaScript 函数调用、属性、全局变量或其他表达式，但要嵌入一个 JavaScript 表达式，则需将其放置在大括号 ({}) 中。若要显示大括号，则需在它前面加一个反斜杠 (\{})。例如，The URL for this page is {window.location}, and today is {new Date()}.

11.2.8　设置状态栏文本

"设置状态栏文本"动作的功能是设置在浏览器窗口底部左侧的状态栏中显示的消息。访问者常常会忽略或注意不到状态栏中的消息，如果消息非常重要，还是考虑将其显示为弹出式消息或层文本。可以在文本中嵌入任何有效的 JavaScript 函数调用、属性、全局变量或其他表达式。若要嵌入一个 JavaScript 表达式，需将其放置在大括号 ({}) 中。

使用"设置状态栏文本"动作的具体操作步骤如下。

（1）选择一个对象，如文字、图像、按钮等，并启用"行为"控制面板。

（2）在"行为"控制面板中单击"添加行为"按钮 ＋，并从弹出的菜单中选择"设置文本 > 设置状态栏文本"动作，弹出"设置状态栏文本"对话框，如图 11-29 所示。对话框中只有一个"消息"选项，其含义是在文本框中输入要在状态栏中显示的消息。消息要简明扼要，否则，浏览器将把溢出的消息截断。

图 11-29

在对话框中根据需要输入状态栏消息或相应的 JavaScript 代码，单击"确定"按钮完成设置。

（3）如果不是默认事件，在"行为"控制面板中单击该动作前的事件列表，选择相应的事件。

（4）按 F12 键浏览网页。

11.2.9　设置文本域文字

"设置文本域文字"动作的功能是用指定的内容替换表单文本域的内容。可以在文本中嵌入任何有效的 JavaScript 函数调用、属性、全局变量或其他表达式。若要嵌入一个 JavaScript 表达式，将其放置在大括号 ({}) 中。若要显示大括号，在它前面加一个反斜杠 (\{})。

使用"设置文本域文字"动作的具体操作步骤如下。

（1）若文档中没有"文本域"对象，则要创建命名的文本域，先选择"插入 > 表单 > 文本域"命令，在表单中创建文本域。然后在"属性"面板的"文本域"选项中输入该文本域的名称，并使该名称在网页中是唯一的，如图 11-30 所示。

图 11-30

（2）选择文本域并启用"行为"控制面板。

（3）在"行为"控制面板中单击"添加行为"按钮 ，并从弹出的菜单中选择"设置文本 > 设置文本域文字"动作，弹出"设置文本域文字"对话框，如图 11-31 所示。

对话框中各选项的作用如下。

"文本域"选项：选择目标文本域。

"新建文本"选项：输入要替换的文本信息或

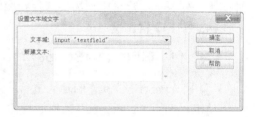

图 11-31

相应的 JavaScript 代码。如要在表单文本域中显示网页的地址和当前日期，则在"新建文本"选项中输入"The URL for this page is {window.location}, and today is {new Date()}."。

在对话框中根据需要选择相应的文本域，并在"新建文本"选项中输入要替换的文本信息或相应的 JavaScript 代码，单击"确定"按钮完成设置。

（4）如果不是默认事件，则单击该事件，会出现箭头按钮 ，单击 ，弹出包含全部事件的事件列表，用户可根据需要选择相应的事件。

（5）按 F12 键浏览网页。

11.2.10　设置框架文本

"设置框架文本"动作的功能是用指定的内容替换框架的内容和格式设置。该内容可以是文本，也可以是嵌入任何有效的放置在大括号 ({}) 中的 JavaScript 表达式，如 JavaScript 函数调用、属性、全局变量或其他表达式。

使用"设置框架文本"动作的具体操作步骤如下。

（1）若网页不包含框架，则选择"修改 > 框架集"命令，在其子菜单中选择一个命令，如"拆分左框架"、"拆分右框架"、"拆分上框架"或"拆分下框架"，创建框架集。

（2）启用"行为"控制面板。在"行为"控制面板中单击"添加行为"按钮 ，并从弹出的菜单中选择"设置文本 > 设置框架文本"动作，弹出"设置框架文本"对话框，如图 11-32 所示。

对话框中各选项的作用如下。

图 11-32

"框架"选项：在其弹出菜单中选择目标框架。

"新建 HTML"选项：输入替换的文本信息或相应的 JavaScript 代码。如表单文本域中显示网页的地址和当前日期，则在"新建 HTML"选项中输入"The URL for this page is {window.location}, and today is {new Date()}."。

"获取当前 HTML"按钮：复制当前目标框架的 body 部分的内容。

"保留背景色"复选框：选择此复选框，则保留网页背景和文本颜色属性，而不替换框架的格式。

在对话框中根据需要，从"框架"选项的弹出菜单中选择目标框架，并在"新建 HTML"选项的文本框中输入消息、要替换的文本信息或相应的 JavaScript 代码，单击"获取当前 HTML"按钮复制当前目标框架的 body 部分的内容。若保留网页背景和文本颜色属性，则选择"保留背景色"复选框，单击"确定"按钮完成设置。

（3）如果不是默认事件，则单击该事件，会出现箭头按钮 ▾，单击 ▾，弹出包含全部事件的事件列表，用户可根据需要选择相应的事件。

（4）按 F12 键浏览网页。

11.2.11　调用 JavaScript

"调用 JavaScript"动作的功能是当发生某个事件时选择自定义函数或 JavaScript 代码行。

使用"调用 JavaScript"动作的具体操作步骤如下。

（1）选择一个网页元素对象，如"刷新"按钮，如图 11-33 所示。启用"行为"控制面板。

（2）在"行为"控制面板中，单击"添加行为"按钮 ➕，从弹出的菜单中选择"调用 JavaScript"动作，弹出"调用 JavaScript"对话框，如图 11-34 所示，在文本框中输入 JavaScript 代码或用户想要触发的函数名。例如，当用户单击"刷新"按钮时刷新网页，用户可以输入"window.location.reload()"；例如，当用户单击"关闭"按钮时关闭网页，用户可以输入"window.close()"。单击"确定"按钮完成设置。

图 11-33

图 11-34

（3）如果不是默认事件，则单击该事件，会出现箭头按钮 ▾，单击 ▾，弹出包含全部事件的事件列表，用户可根据需要选择相应的事件，如图 11-35 所示。

（4）按 F12 键浏览网页，当单击"关闭"按钮时，用户看到的效果如图 11-36 所示。

图 11-35

图 11-36

11.2.12　课堂案例——婚戒网页

【案例学习目标】使用"行为"面板制作在
网页中显示指定大小的弹出窗口。

【案例知识要点】使用"打开浏览器窗口"
命令制作在网页中显示指定大小的弹出窗口，
如图 11-37 所示。

【效果所在位置】光盘/Ch11/效果/婚戒网页
/index.html

图 11-37

1. 在网页中显示指定大小的弹出窗口

（1）选择"文件 > 打开"命令，在弹出的对话框中选择"Ch11 > 素材 > 婚戒网页 >
index.html"文件，单击"打开"按钮，如图 11-38 所示。

（2）单击窗口下方"标签选择器"中的<body>标签，如图 11-39 所示，选择整个网页文
档，效果如图 11-40 所示。

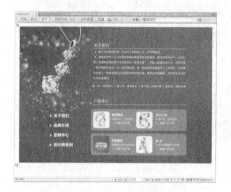

图 11-38

图 11-39

图 11-40

（3）按下 Shift+F4 快捷键，弹出"行为"控制面板，单击控制面板中的"添加行为"按
钮 **+**，在弹出的菜单中选择"打开浏览器窗口"命令，弹出"检查浏览器"对话框。

（4）单击"要显示的 URL"选项右侧的"浏览"按钮，在弹出的"选择文件"对话框
中选择光盘"Ch11 > 素材 > 婚戒网页"文件夹中的"publicize.html"文件，如图 11-41
所示。

图 11-41

（5）单击"确定"按钮，返回到对话框中，其他选项的设置如图 11-42 所示，单击"确定"按钮，"行为"控制面板如图 11-43 所示。

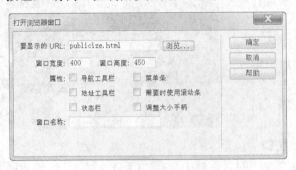

图 11-42

图 11-43

（6）保存文档，按 F12 键预览效果，加载网页文档的同时会弹出窗口，如图 11-44 所示。

2. 添加导航条和菜单栏

（1）返回到 Dreamweaver CS5 界面中，双击动作"打开浏览器窗口"，弹出"打开浏览器窗口"对话框，选择"导航工具栏"和"菜单条"复选框，如图 11-45 所示，单击"确定"按钮完成设置。

（2）保存文档，按 F12 键预览效果，在弹出的窗口中显示所选的导航条和菜单栏，如图 11-46 所示。

图 11-44

图 11-45

图 11-46

11.3 课堂练习——清凉啤酒网页

【练习知识要点】使用"设置状态栏文本"行为命令制作在浏览器页面的状态栏显示的文字，如图 11-47 所示。

【效果所在位置】光盘/Ch11/效果/清凉啤酒网页/index.html

图 11-47

11.4　课后习题——全麦面包网页

【习题知识要点】使用"晃动"行为命令制作鼠标经过图像时晃动效果，如图 11-48 所示。

图 11-48

【效果所在位置】光盘/Ch11/效果/全麦面包网页/index.html

12 Chapter

第 12 章
网页代码

　　Dreamweaver CS5 提供代码编辑工具，方便用户直接编写或修改代码，实现 Web 页的交互效果。在 Dreamweaver CS5 中插入的网页内容及动作都会自动转换为代码，因此，只有熟悉查看和编写代码的环境，了解源代码，才能真正懂得网页的内涵。

课堂学习目标
- 网页代码
- 编辑代码
- 常用的 HTML 标签
- 脚本语言
- 响应 HTML 事件

12.1 网页代码

虽然可以直接切换到"代码"视图查看和修改代码，但代码中很小的错误都会导致致命的错误，使网页无法正常地浏览。Dreamweaver CS5 提供了标签库编辑器来有效地创建源代码。

12.1.1 使用"参考"面板

"参考"面板为设计者提供了标记语言、编程语言和 CSS 样式的快速参考工具，它提供了有关在"代码"视图中正在使用的特定标签、对象或样式的信息。

1. 启用参考面板的方法

选定标签后，选择"窗口 > 参考"命令，启用"参考"面板。

将插入点放在标签、属性或关键字中，然后按 Shift+F1 快捷键。

2. "参考"面板的参数

"参考"面板显示的内容是与用户所单击的标签、属性或关键字有关的信息，如图 12-1 所示。

"参考"面板中各选项的作用如下。

"书籍"选项：显示或选择参考材料出自的书籍名称。参考材料包括其他书籍的标签、对象或样式等。

"Tag"选项：根据选择书籍的不同，该选项可变成"对象"、"样式"或"CFML"选项。用于显示用户在"代码"视图或代码检查器中选择的对象、样式或函数，还可选择新的标签。该选项包含两个弹出菜单，左侧的用于选择标签，右侧的用于选择标签的属性。

"属性列表"选项：显示所选项目的说明。

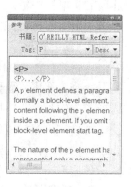

图 12-1

3. 调整"参考"面板中文本的大小

单击"参考"面板右上方的选项菜单，选择"大字体"、"中等字体"或"小字体"命令，调整"参考"面板中文本的大小。

12.1.2 代码提示功能

代码提示是网页制作者在代码窗口中编写或修改代码的有效工具。只要在"代码"视图的相应标签间按下 Space 键，即会出现关于该标签常用属性、方法、事件的代码提示下拉列表，如图 12-2 所示。

在标签检查器中不能列出所有参数，如 onResize 等，但在代码提示列表中可以一一列出。因此，代码提示功能是网页制作者编写或修改代码的一个方便有效的工具。

图 12-2

12.1.3 使用标签库插入标签

在 Dreamweaver CS5 中，标签库中有一组特定类型的标签，其中还包含 Dreamweaver CS5 应如何设置标签格式的信息。标签库提供了 Dreamweaver CS5 用于代码提示、目标浏览器检查、标签选择器和其他代码功能的标签信息。使用标签库编辑器，可以添加和删除标签库、标签和属性，设置标签库的属性以及编辑标签和属性。

选择"编辑 > 标签库"命令，启用"标签库编辑器"对话框，如图 12-3 所示。标签库中列出了绝大部分各种语言所用到的标签及其属性参数，设计者可以轻松地添加和删除标签库、标签和属性。

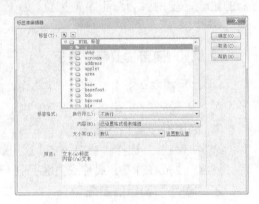

图 12-3

1. 新建标签库

启用"标签库编辑器"对话框，单击"加号"按钮，在弹出的菜单中选择"新建标签库"命令，弹出"新建标签库"对话框，在"库名称"选项的文本框中输入一个名称，如图 12-4 所示，单击"确定"按钮完成设置。

2. 新建标签

启用"标签库编辑器"对话框，单击"加号"按钮，在弹出的菜单中选择"新建标签"命令，弹出"新建标签"对话框，如图 12-5 所示。先在"标签库"选项的下拉列表中选择一个标签库，然后在"标签名称"选项的文本框中输入新标签的名称。若要添加多个标签，则输入这些标签的名称，中间以逗号和空格来分隔标签的名称，如"First Tags, Second Tags"。如果新的标签具有相应的结束标签 (</...>)，则选择"具有匹配的结束标签"复选框，最后单击"确定"按钮完成设置。

3. 新建属性

"新建属性"命令为标签库中的标签添加新的属性。启用"标签库编辑器"对话框，单击"加号"按钮，在弹出的菜单中选择"新建属性"命令，弹出"新建属性"对话框，如图 12-6 所示，设置对话框中的选项。一般情况下，在"标签库"选项的下拉列表中选择一个标签库，在"标签"选项的下拉列表中选择一个标签，在"属性名称"文本框中输入新属性的名称。若要添加多个属性，则输入这些属性的名称，中间以逗号和空格来分隔标签的名称，如"width，height"，最后单击"确定"按钮完成设置。

图 12-4

图 12-5

图 12-6

4. 删除标签库、标签或属性

启用"标签库编辑器"对话框。先在"标签"选项框中选择一个标签库、标签或属性，再单击"减号"按钮，则将选中的项从"标签"选项框中删除，单击"确定"按钮关闭

"标签库编辑器"对话框。

12.1.4　用标签选择器插入标签

如果网页制作者对代码不是很熟，那么 Dream weaver CS5 提供了另一个实用工具，即标签选择器。标签选择器不仅按类别显示所有标签，还提供该标签格式及功能的解释信息。

在"代码"视图中单击鼠标右键，在弹出的菜单中选择"插入标签"命令，启用"标签选择器"对话框，如图 12-7 所示。左侧选项框中包含支持的标签库的列表，右侧选项框中显示选定标签库文件夹中的单独标签，下方选项框中显示选定标签的详细信息。

图 12-7

使用"标签选择器"对话框插入标签的操作步骤如下。

（1）启用"标签选择器"对话框。在左侧选项框中展开标签库，即从标签库中选择标签类别，或者展开该类别并选择一个子类别，从右侧选项框中选择一个标签。

（2）若要在"标签选择器"对话框中查看该标签的语法和用法信息，则单击"标签信息"按钮▽ 标签信息 。如果有可用信息，则会显示关于该标签的信息。

（3）若要在"参考"面板中查看该标签的相同信息，单击图标 ，如果有可用信息，则会显示关于该标签的信息。

（4）若要将选定标签插入代码中，则单击"插入"按钮 插入(I) ，弹出"标签编辑器"对话框。如果该标签出现在右侧选项框中并带有尖括号（如<title></title>），那么它不会要求其他信息就立即插入到文档的插入点。

（5）单击"确定"按钮回到"标签选择器"对话框，单击"关闭"按钮则关闭"标签选择器"对话框。

12.2　编辑代码

呆板的表格容易使人疲劳，当用表格包含数据时，常常通过采用不同的字体、文字颜色、背景颜色等方式，对不同类别的数据加以区分或突出显示某些内容。

12.2.1　使用标签检查器编辑代码

标签检查器列出所选标签的属性表，方便设计者查看和编辑选择的标签对象的各项属性。选择"窗口 > 标签检查器"命令，启用"标签检查器"控制面板。若想查看或修改某标签的属性，只需先在文档窗口中用鼠标指针选择对象或选择文档窗口下方要选择对象相应的标签，再选择"窗口 > 标签检查器"命令，启用"标签检查器"控制面板，此时，控制面板将列出该标签的属性，如图 12-8 所示。设计者可以根据需要轻松地找到各属性参数，并方便地修改属性值。

在"标签检查器"控制面板的"属性"选项卡中，显示所选对象的属性及其当前值。若要查看其中的属性，有以下几种方法。

若要查看按类别组织的属性，则单击"显示类别视图"按钮。

若要在按字母排序的列表中查看属性，则单击"显示列表视图"按钮。

若要更改属性值，则选择该值并进行编辑，具体操作方法如下。

在属性值列（属性名称的右侧）中为该属性输入一个新的值。若要删除一个属性值，则选择该值，然后按 Backspace 键。

如果要更改属性的名称，则选择该属性名称，然后进行编辑。

如果该属性采用预定义的值，则从属性值列右侧的弹出菜单（或颜色选择器）中选择一个值。

如果属性采用 URL 值作为属性值，则单击"属性"面板中的"浏览文件"按钮或使用"指向文件"图标选择一个文件，或者在文本框中输入 URL。

如果该属性采用来自动态内容来源（如数据库）的值，则单击属性值列右侧的"动态数据"按钮，然后选择一个来源，如图 12-9 所示。

图 12-8　　　　　　　　　　图 12-9

12.2.2　使用标签编辑器编辑代码

标签编辑器是另一个编辑标签的方式。先在文档窗口中选择特定的标签，然后单击"标签检查器"控制面板右上角的选项菜单，在弹出的菜单中选择"编辑标签"命令，打开"标签编辑器"对话框，如图 12-10 所示。

"标签编辑器"对话框列出被不同浏览器版本支持的特殊属性、事件和关于该标签的说明信息，用户可以方便地指定或编辑该标签的属性。

图 12-10

12.3　常用的 HTML 标签

HTML 是一种超文本标志语言，HTML 文件是被网络浏览器读取并产生网页的文件。常用的 HTML 标签有以下几种。

1．文件结构标签

文件结构标签包含 html、head、title、body 等。html 标签用于标志页面的开始，它由文档头部分和文档体部分组成。浏览时只有文档体部分会被显示。head 标签用于标志网页的开头部分，开头部分用以存载重要信息，如注释、meta 和标题等。title 标签用于标志页面的标题，浏览时在浏览器的标题栏上显示。body 标签用于标志网页的文档体部分。

2．排版标签

在网页中有 4 种段落对齐方式：左对齐、右对齐、居中对齐和两端对齐。在 HTML 语言中，可以使用 ALIGN 属性来设置段落的对齐方式。

ALIGN 属性可以应用于多种标签，例如，分段标签<p>、标题标签<hn>以及水平线标签<hr>等。ALIGN 属性的取值可以是：left（左对齐）、center（居中对齐）、right（右对齐）以及 justify（两边对齐）。两边对齐是指将一行中的文本在排满的情况下向左右两个页边对齐，以避免在左右页边出现锯齿状。

对于不同的标签，ALIGN 属性的默认值是有所不同的。对于分段标签和各个标题标签，ALIGN 属性的默认值为 left；对于水平线标签<hr>，ALIGN 属性的默认值为 center。若要将文档中的多个段落设置成相同的对齐方式，可将这些段落置于<div>和</div>标签之间组成一个节，并使用 ALIGN 属性来设置该节的对齐方式。如果要将部分文档内容设置为居中对齐，也可以将这部分内容置于<center>和</center>标签之间。

3．列表标签

列表分为无序列表、有序列表两种。li 标签标志无序列表，如项目符号；ol 标签标志有序列表，如标号。

4．表格标签

表格标签包括表格标签<table>、表格标题标签<caption>、表格行标签<tr>、表格字段名标签<th>、列标签<td>等几个标签。

5．框架

框架网页将浏览器上的视窗分成不同区域，在每个区域中都可以独立显示一个网页。框架网页通过一个或多个 frmaeset 和 frame 标签来定义。框架集包含如何组织各个框架的信息，可以通过 frmaeset 标签来定义。框架集 frmaeset 标签置于 head 之后，以取代 body 的位置，还可以使用 noframes 标签给出框架不能被显示时的替换内容。框架集 frmaeset 标签中包含多个 frame 标签，用以设置框架的属性。

6．图形标签

图形的标签为<img>，其常用参数是<src>和<alt>属性，用于设置图像的位置和替换文本。SRC 属性给出图像文件的 URL 地址，图像可以是 JPEG 文件、GIF 文件或 PNG 文件。ALT 属性给出图像的简单文本说明，这段文本在浏览器不能显示图像时显示出来，或图像加载时间过长时先显示出来。

<img>标签不仅用于在网页中插入图像，也可以用于播放 Video for Windows 的多媒体文件（*.avi）。若要在网页中播放多媒体文件，应在<img>标签中设置 dynsrc、start、loop、Controls 和 loopdelay 属性。

例如，将影片循环播放 3 次，中间延时 250ms。

```
<img src="SAMPLE-S.GIF" dynsrc="SAMPLE-S.AVI" loop=3 loopdelay=250>
```

例如，在鼠标指针移到 AVI 播放区域之上时才开始播放 SAMPLE-S.AVI 影片。

```
<img src="SAMPLE-S.GIF" dynsrc="SAMPLE-S.AVI" start=mouseover>
```

7．链接标签

链接标签为<a>，其常用参数有：href 标志目标端点的 URL 地址；target 显示链接文件的一个窗口或框架；title 显示链接文件的标题文字。

8．表单标签

表单在 HTML 页面中起着重要作用，它是与用户交互信息的主要手段。一个表单至少应该包括说明性文字、用户填写的表格、提交和重填按钮等内容。用户填写了所需的资料之后，按下"提交"按钮，所填资料就会通过专门的 CGI 接口传到 Web 服务器上。网页的设计者随后就能在 Web 服务器上看到用户填写的资料，从而完成了从用户到作者之间的反馈和交流。

表单中主要包括下列元素：普通按钮、单选按钮、复选框、下拉式菜单、单行文本框、多行文本框、提交按钮、重填按钮。

9．滚动标签

滚动标签是 marquee，它会将其文字和图像进行滚动，形成滚动字幕的页面效果。

10．载入网页的背景音乐标签

载入网页的背景音乐标签是 bgsound，它可设定页面载入时的背景音乐。

12.4 脚本语言

脚本是一个包含源代码的文件，一次只有一行被解释或翻译成为机器语言。在脚本处理过程中，翻译每个代码行，并一次选择一行代码，直到脚本中所有代码都被处理完成。Web 应用程序经常使用客户端脚本以及服务器端的脚本，本章讨论的是客户脚本。

用脚本创建的应用程序有代码行数的限制，一般小于 100 行。脚本程序较小，一般用"记事本"或在 Dreamweaver CS5 的"代码"视图中编辑创建。

使用脚本语言主要有两个原因，一是创建脚本比创建编译程序快，二是用户可以使用文本编辑器快速、容易地修改脚本。而修改编译程序，必须有程序的源代码，而且修改了源代码以后，必须重新编译它，所有这些使得修改编译程序比脚本更加复杂而且耗时。

脚本语言主要包含接收用户数据、处理数据和显示输出结果数据 3 部分语句。计算机中最基本的操作是输入和输出，Dreamweaver CS5 提供了输入和输出函数。InputBox 函数是实现输入效果的函数，它会弹出一个对话框来接收浏览者输入的信息。MsgBox 函数是实现输出效果的函数，它会弹出一个对话框显示输出信息。

有的操作要在一定条件下才能选择，这要用条件语句实现。对于需要重复选择的操作，应该使用循环语句实现。

12.5 响应 HTML 事件

前面已经介绍了基本的事件及其触发条件，现在讨论在代码中调用事件过程的方法。调用事件过程有 3 种方法，下面以在按钮上单击鼠标左键弹出欢迎对话框为例介绍调用事件过程的方法。

12.5.1　代码事件

1.　通过名称调用事件过程

```
<HTML>
    <HEAD>
    <TITLE>事件过程调用的实例</TITLE>
    <SCRIPT LANGUAGE=vbscript>
    <!--
    sub bt1_onClick()
      msgbox "欢迎使用代码实现浏览器的动态效果！"
    end sub
    -->
    </SCRIPT>
    </HEAD>
    <BODY>
      <INPUT name=bt1 type="button" value="单击这里">
    </BODY>
</HTML>
```

2.　通过 FOR/EVENT 属性调用事件过程

```
<HTML>
<HEAD>
<TITLE>事件过程调用的实例</TITLE>
<SCRIPT LANGUAGE=vbscript for="bt1" event="onclick">
<!--
  msgbox "欢迎使用代码实现浏览器的动态效果！"
-->
</SCRIPT>
</HEAD>
<BODY>
  <INPUT name=bt1 type="button" value="单击这里">
</BODY>
</HTML>
```

3.　通过控件属性调用事件过程

```
    <HTML>
    <HEAD>
<TITLE>事件过程调用的实例</TITLE>
<SCRIPT LANGUAGE=vbscript >
<!--
sub msg()
msgbox "欢迎使用代码实现浏览器的动态效果！"
 end sub
 -->
 </SCRIPT>
 </HEAD>
 <BODY>
 <INPUT name=bt1 type="button" value="单击这里" onclick="msg">
</BODY>
</HTML>
  <HTML>
  <HEAD>
  <TITLE>事件过程调用的实例</TITLE>
  </HEAD>
```

```
    <BODY>
        <INPUT name=bt1 type="button" value="单击这里" onclick='msgbox "欢迎使用代码实现
浏览器的动态效果！"' language="vbscript">
    </BODY>
</HTML>
```

12.5.2　课堂案例——商业公司网页

【案例学习目标】使用"页面属性"命令改变背景图像。使用"插入标签"命令制作浮动框架效果。

【案例知识要点】使用"页面属性"命令改变页面的颜色。使用"插入标签"命令制作浮动框架效果，如图 12-11 所示。

【效果所在位置】光盘/Ch12/效果/商业公司网页/index1.html

图 12-11

（1）打开 Dreamweaver CS5 后，新建一个空白文档。新建页面的初始名称为"Untitled-1"。选择"文件 > 保存"命令，弹出"另存为"对话框。在"保存在"选项的下拉列表中选择当前站点目录保存路径；在"文件名"选项的文本框中输入"index"，单击"保存"按钮，返回网页编辑窗口。

（2）选择"修改 > 页面属性"命令，弹出"页面属性"对话框，单击"背景图像"选项右侧的"浏览"按钮，在弹出的"选择图像源文件"对话框中选择光盘"Ch12 > 素材 > 商业公司网页 > images"文件夹中的"img_01.jpg"文件，单击"确定"按钮，如图 12-12 所示，单击"确定"按钮，效果如图 12-13 所示。

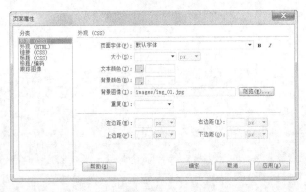

图 12-12

图 12-13

（3）切换至"代码"视图窗口中，在标签<body>后面置入光标，如图 12-14 所示，单击鼠标右键，在弹出的菜单中选择"插入标签"命令，弹出"标签选择器"对话框，在对话框中选择"HTML 标签 > 页面元素 > iframe"选项，如图 12-15 所示。

（4）单击"插入"按钮，弹出"标签编辑器-iframe"对话框，单击"源"选项右侧的"浏览"按钮，在弹出的"选择文件"对话框中选择光盘"Ch12 > 素材 > 商业公司网页"文件夹中的"01.html"文件，如图 12-16 所示。

图 12-14   图 12-15   图 12-16

（5）单击"确定"按钮，返回到对话框中，其他选项的设置如图 12-17 所示，在左侧的列表中选择"浏览器特定的"选项，对话框中的设置如图 12-18 所示，单击"确定"按钮，单击"关闭"按钮，代码视图窗口中的效果如图 12-19 所示。

图 12-17   图 12-18

```
13  <body><iframe src="01.html" width="610" marginwidth="10" height="350" marginheight=
    "10" scrolling="auto" hspace="200" vspace="100"></iframe>
14  </body>
15  </html>
16
```

图 12-19

（6）切换至"设计"视图窗口中，如图 12-20 所示。保存文档，按 F12 键，预览效果，如图 12-21 所示。

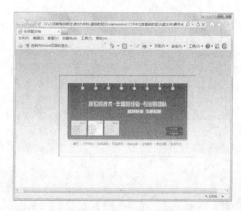

图 12-20   图 12-21

12.6　课后习题——招商加盟网页

【习题知识要点】使用"页面属性"菜单命令改变页面的颜色。使用"插入标签"命令制作浮动框架效果，如图 12-22 所示。

【效果所在位置】光盘/Ch12/效果/招商加盟网页/index1.html

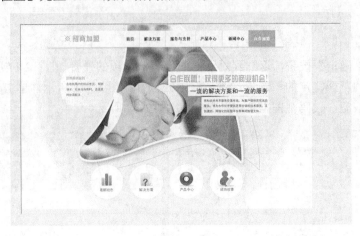

图 12-22

13 Chapter

第 13 章
商业案例实训

本章结合多个应用领域商业案例的实际应用，通过案例分析、案例设计、案例制作进一步详解了 Dreamweaver 强大的应用功能和制作技巧。读者在学习商业案例可以快速地掌握网页的制作和软件的技术要点，设计制作出专业案例。

13.1 个人摄影网页

【案例学习目标】学习使用插入图像命令制作个人摄影网页。

【案例知识要点】使用"表格"按钮插入表格；使用"图像"命令插入图像；使用"CSS 样式"命令改变文字大小。个人摄影网页如图 13-1 所示。

【效果图所在位置】光盘/Ch13/效果/个人摄影网页.html

图 13-1

1. 创建并设置页面属性

（1）选择"文件 > 新建"命令，新建空白文档。选择"文件 > 保存"命令，弹出"另存为"对话框。在"保存在"选项的下拉列表中选择当前站点目录保存路径，在"文件名"选项的文本框中输入"index"，单击"保存"按钮，返回网页编辑窗口。

（2）选择"修改 > 页面属性"命令，弹出"页面属性"对话框，在对话框中进行设置，如图 13-2 所示，单击"确定"按钮，更改页面属性。在"插入"面板"常用"选项卡中单击"表格"按钮，在弹出的"表格"对话框中进行设置，如图 13-3 所示，单击"确定"按钮，保持表格的选取状态，在"属性"面板"对齐"选项的下拉列表中选择"居中对齐"选项，效果如图 13-4 所示。

图 13-2

图 13-3

图 13-4

（3）单击文档窗口左上方的"拆分"按钮 ，在"拆分"视图窗口中的"cellspacing"代码后面置入光标，按一次空格键，标签列表中出现了该标签的属性参数，在其中选择属性"bgcolor"，如图 13-5 所示。插入属性后，在弹出的颜色面板中选择需要的颜色，如图 13-6 所示，标签效果如图 13-7 所示。

图 13-5

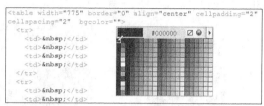

图 13-6

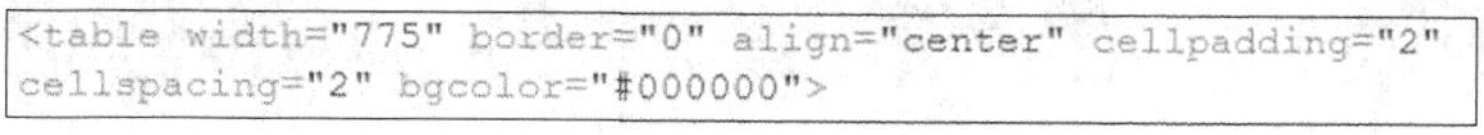

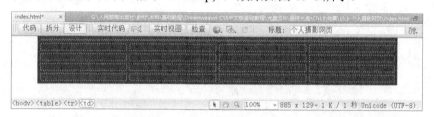

图 13-7

（4）选中第 1 行，单击"属性"面板中的"合并所有单元格，使用跨度"按钮 ，将所选单元格合并，在"属性"面板中将"高"选项设为 3，单击文档窗口左上方的"拆分"按钮 ，在代码中删除该单元格中" "，效果如图 13-8 所示。

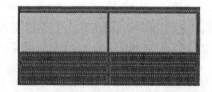

图 13-8

（5）同时选中第 2 行的第 1 列和第 2 列单元格，在"属性"面板中将"背景颜色"选项设为绿色（#61d000），"高"选项设为 80，效果如图 13-9 所示。同时选中第 2 行的第 3 列和第 4 列单元格，在"属性"面板中将"背景颜色"选项设为青蓝色（#00a2ff），效果如图 13-10 所示。

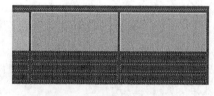

图 13-9

图 13-10

（6）用相同的方法设置第 4 行，效果如图 13-11 所示。

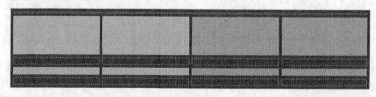

图 13-11

2. 插入图像

（1）将光标置入到第 3 行第 1 列单元格中，在"插入"面板"常用"选项卡中单击"图像"按钮 ，在弹出的"选择图像源文件"对话框中选择光盘目录下"Ch13 > 个人摄影网页 > images"文件夹中的"left.jpg"文件，单击"确定"按钮，效果如图 13-12 所示。用相同的方法在其他单元格中插入所需图像，如图 13-13 所示。

图 13-12　　　　　　　　　　　　　　　图 13-13

（2）将光标置入到第 2 行第 2 列单元格中，在"属性"面板"垂直"选项的下拉列表中选择"底部"选项，在"插入"面板"常用"选项卡中单击"表格"按钮 ，在弹出的"表格"对话框中进行设置，如图 13-14 所示，单击"确定"按钮，插入标题，如图 13-15 所示。

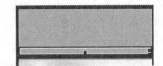

图 13-14　　　　　　　　　　　　　　　图 13-15

（3）将光标置入到第 1 列单元格中，在"插入"面板"常用"选项卡中单击"图像"按钮 ，在弹出的"选择图像源文件"对话框中选择光盘目录下"Ch13 > 个人摄影网页 > images"文件夹中的"sy.jpg"文件，单击"确定"按钮，效果如图 13-16 所示。用相同的方法在第 2 列单元格中插入图像，并在"属性"面板"水平"选项下拉列表中选择"右对齐"选项，效果如图 13-17 所示。

（4）用上述的方法在第 2 行第 3 列单元格中，制作出如图 13-18 所示的效果。

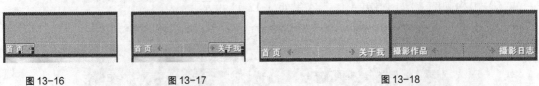

图 13-16　　　　　　　　　图 13-17　　　　　　　　　　　　　图 13-18

（5）同时选中第 4 行的第 3 列和第 4 列单元格，单击"属性"面板中的"合并所有单元格，使用跨度"按钮 ，将所选单元格合并。在"属性"面板"水平"选项的下拉列表中选择"右对齐"选项，在"插入"面板"常用"选项卡中单击"表格"按钮，在弹出的"表格"对话框中进行设置，如图 13-19 所示，单击"确定"按钮，插入标题，如图 13-20 所示。

（6）将光标置入到第 2 列单元格中，在"属性"面板"水平"选项的下拉列表中选择"右对齐"选项，在"插入"面板"常用"选项卡中单击"图像"按钮，在弹出的"选择图像源文件"对话框中选择光盘目录下"Ch13 > 个人摄影网页 > images"文件夹中的"pic.jpg"文件，单击"确定"按钮，效果如图 13-21 所示。

图 13-19

图 13-20

图 13-21

3. 输入文字

（1）将光标置入第 4 行第 2 列单元格中，在"插入"面板"常用"选项卡中单击"表格"按钮，在弹出的"表格"对话框中进行设置，如图 13-22 所示，单击"确定"按钮，保持表格的选取状态，在"属性"面板"对齐"选项的下拉列表中选择"居中对齐"选项，效果如图 13-23 所示。

（2）将光标置入到单元格中，在单元格中输入文字，如图 13-24 所示。

图 13-22

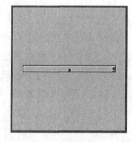

图 13-23

图 13-24

（3）单击文档窗口左上方的"拆分"按钮，在"个人资料"的前后添加"<span></span>"，代码效果如图 13-25 所示。将光标置入到<span>标签的内部，输入所需代码，如图 13-26 所示。

```
<tr>
    <td><p><span>个人资料</span><br />
    昵称:李明<br />
    性别:男<br />
    年龄:25<br />
    生日:4月5日<br />
    职业:摄影师<br />
    爱好:篮球 爬山 滑雪</p></td>
</tr>
```

图 13-25

```
<tr>
    <td><p><span style="font-size: 14px; font-weight:
    bold;">个人资料</span><br />
    昵称:李明<br />
    性别:男<br />
    年龄:25<br />
    生日:4月5日<br />
    职业:摄影师<br />
    爱好:篮球 爬山 滑雪</p></td>
</tr>
```

图 13-26

（4）将光标置入到第 4 行第 3 列内嵌表格的第 1 列单元格中，输入文字，如图 13-27 所示。选中第 5 行，单击"属性"面板中的"合并所有单元格，使用跨度"按钮，将所选单元格合并，在"属性"面板"水平"选项的下拉列表中选择"居中对齐"选项，输入文字。

（5）单击文档窗口左上方的"拆分"按钮，在第 5 行的<td>标签内部，按一次空格键，标签列表中出现了该标签的属性参数，在其中选择属性"style"。插入属性后，在弹出的属性中选择所要的属性，标签效果如图 13-28 所示。

图 13-27

图 13-28

（6）在"CSS 样式"面板中双击 body 样式，弹出"body 的 CSS 规则定义"对话框，在"对话框"中进行设置，如图 13-29 所示。个人摄影网页制作完成，保存文档，按 F12 键预览网页效果，如图 13-30 所示。

图 13-29

图 13-30

13.2 百货商城网

【案例学习目标】学习使用插入图像命令制作百货商城网。

【案例知识要点】使用"表格"按钮插入表格；使用"图像"命令插入图像；使用"CSS

样式"命令改变文字大小。百货商城网如图 13-31 所示。

【效果图所在位置】光盘/Ch13/效果/百货商城网.html

1. 创建并设置页面属性

（1）选择"文件 > 新建"命令，新建空白文档。选择"文件 > 保存"命令，弹出"另存为"对话框。在"保存在"选项的下拉列表中选择当前站点目录保存路径，在"文件名"选项的文本框中输入"index"，单击"保存"按钮，返回网页编辑窗口。

（2）选择"修改 > 页面属性"命令，弹出"页面属性"对话框，在对话框中进行设置，如图 13-32 所示，单击"确定"按钮，更改页面属性。

（3）在"插入"面板"表单"选项卡中单击"表单"按钮，如图 13-33 所示。在"插入"面板"常用"选项卡中单击"表格"按钮 ⊞，在弹出的"表格"对话框

图 13-31

中进行设置，如图 13-34 所示，单击"确定"按钮，保持表格的选取状态，在"属性"面板"对齐"选项的下拉列表中选择"居中对齐"选项，效果如图 13-35 所示。

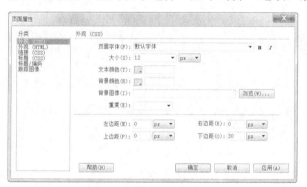

图 13-32

图 13-33

图 13-34

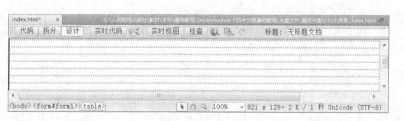

图 13-35

（4）将光标置入到第 1 行第 1 列单元格中，在"插入"面板"常用"选项卡中单击"表格"按钮 ⊞，在弹出的"表格"对话框中进行设置，如图 13-36 所示，单击"确定"按钮，保持表格的选取状态，在"属性"面板"对齐"选项的下拉列表中选择"右对齐"选项，效

果如图 13-37 所示。

图 13-36

图 13-37

（5）将光标置入内嵌表格的第 1 列单元格中，输入文字，如图 13-38 所示。选择"窗口 > CSS 样式"面板，弹出"CSS 样式"面板，单击面板下方的"新建 CSS 规则"按钮 ，在弹出的对话框中进行设置，如图 13-39 所示。

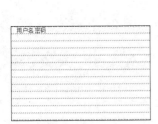

图 13-38

图 13-39

（6）单击"确定"按钮，弹出".text 的规则定义"对话框，将"Color"选项设为深红色（#cc0033），如图 13-40 所示，单击"确定"按钮，创建.text 样式。选中文字，在"属性"面板"类"选项的下拉列表中选择"text"，应用样式，效果如图 13-41 所示。

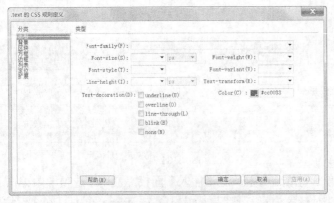

图 13-40

图 13-41

（7）将光标置入"用户名"的后方，在"插入"面板"表单"选项卡中单击"文本字段"按钮□，在单元格中插入文本字段，如图13-42所示，选中文本字段，在"属性"面板中将"字符宽度"选项设为10，"最多字符数"选项设为20，效果如图13-43所示。使用相同的方法在"密码"的后方插入文本字段，在"属性"面板中将"字符宽度"选项设为10，"最多字符数"选项设为20，"类型"单选项选择"密码"，效果如图13-44所示。

图 13-42	图 13-43	图 13-44

（8）在"插入"面板"表单"选项卡中单击"图像域"按钮□，在弹出的"选择图像源文件"对话框中选择光盘目录下"Ch13 > 百货商城网 > images"文件夹中的"dl.jpg"文件，单击"确定"按钮，效果如图13-45所示。

（9）将光标置入第2列单元格中，输入文字，如图13-46所示。将光标置入到"购物车"的前方，单击"插入"面板"常用"选项卡中的"图像"按钮■ ，在弹出的"选择图像源文件"对话框中选择光盘目录下"Ch13 > 百货商城网 > images"文件夹中的"gwc.jpg"文件，单击"确定"按钮，在"属性"面板"对齐"选项的下拉列表中选择"绝对居中"选项，如图13-47所示。

图 13-45	图 13-46	图 13-47

（10）将光标置入到第3行第1列单元格中，单击"插入"面板"常用"选项卡中的"图像"按钮■ ，在弹出的"选择图像源文件"对话框中选择光盘目录下"Ch13 > 百货商城网 > images"文件夹中的"top.jpg"文件，单击"确定"按钮，插入图像，效果如图13-48所示。

图 13-48

2. 创建搜索条

（1）新建CSS样式.top，弹出".top的CSS规则定义"对话框，在"分类"选项列表中选择"背景"选项，单击"Background-images"选项右侧的"浏览"按钮，在弹出的"选择图像源文件"对话框中选择光盘目录下"Ch13 > 百货商城网 > images"文件夹中的"sou_bg.jpg"文件，单击"确定"按钮，效果如图13-49所示，单击"确定"按钮。

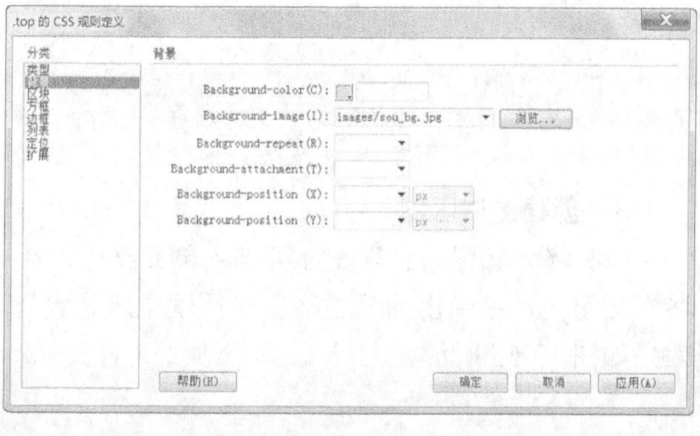

图 13-49

（2）将光标置入到第 4 行第 1 列的单元格中，在"属性"面板"类"选项的下拉列表中选择".top"，"水平"选项的下拉列表中选择"居中对齐"选项，将"高"选项设为 33，如图 13-50 所示。

图 13-50

（3）输入文字，选中文字，在"属性"面板"类"选项的下拉列表中选择".text"，为文字应用样式，如图 13-51 所示。

图 13-51

（4）新建 CSS 样式.textfield，在弹出".textfield 的 CSS 规则定义"对话框中进行设置，如图 13-52 所示，单击"确定"按钮，创建新样式。将光标置入到"搜索"的后方，单击"插入"面板"表单"选项卡中的"文本字段"按钮□，在单元格中插入文本字段，选中文本字段，在"属性"面板中将"字符宽度"选项设为 50，"最多字符数"选项设为 20，"初始值"选项的文本框中输入"输入关键字"，"类"选项的下拉列表中选择"textfield"，效果如图 13-53所示。

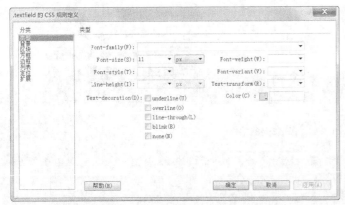

图 13-52

图 13-53

3. 创建主体区域

（1）将光标置入到第 5 行第 1 列单元格中，在"插入"面板"常用"选项卡中单击"表格"按钮▦，在弹出的"表格"对话框中进行设置，如图 13-54 所示，单击"确定"按钮，效果如图 13-55 所示。

图 13-54

图 13-55

（2）将光标置入到第 1 列单元格中，在"属性"面板中将"宽"选项设为 208，"高"选项设为 290，用相同的方法分别设置第 2 列、第 3 列、第 4 列、第 5 列选项为 38、506、38、210，如图 13-56 所示。

（3）将光标置入到第 1 列单元格中，在"插入"面板"常用"选

图 13-56

项卡中单击"表格"按钮，在弹出的"表格"对话框中进行设置，如图 13-57 所示，单击"确定"按钮，保持表格的选取状态，在"属性"面板"对齐"选项的下拉列表中选择"居中对齐"选项，效果如图 13-58 所示。

（4）将嵌入表格的第 1 行选中，单击"属性"面板中的"合并所有单元格，使用跨度"按钮，将所选单元格合并，如图 13-59 所示。

图 13-57

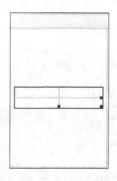

图 13-58

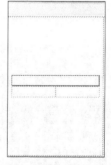

图 13-59

（5）将光标置入到第 1 行第 1 列单元格中，在"插入"面板"常用"选项卡中单击"图像"按钮，在弹出的"选择图像源文件"对话框中选择光盘目录下"Ch13 > 个人摄影网页 > images"文件夹中的"qb.jpg"文件，单击"确定"按钮，效果如图 13-60 所示。用相同的方法在其他单元格中插入所需图像，如图 13-61 所示。

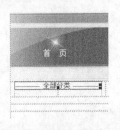

图 13-60　　　　　　　　　　　　　　　　图 13-61

（6）将光标置入到第 2 行第 1 列单元格中，在"属性"面板"水平"选项的下拉列表中选择"居中对齐"选项，"宽"选项设为 41，如图 13-62 所示。将光标置入到第 2 行第 2 列单元格中，在"插入"面板"常用"选项卡中单击"表格"按钮，在弹出的"表格"对话框中进行设置，如图 13-63 所示，单击"确定"按钮，保持表格的选取状态，在"属性"面板"对齐"选项的下拉列表中选择"居中对齐"选项，效果如图 13-64 所示。在单元格中输入文字，如图 13-65 所示。

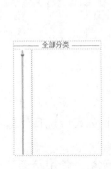

图 13-62　　　　　　　图 13-63　　　　　　　图 13-64　　　　　　　图 13-65

（7）选中如图 13-66 所示的单元格，在"属性"面板中"水平"选项的下拉列表中选择"居中对齐"选项，如图 13-67 所示。在"CSS"面板中双击"body"样式，在弹出的"body的 CSS 规则定义"对话框中进行设置，如图 13-68 所示，单击"确定"按钮，完成修改样式。

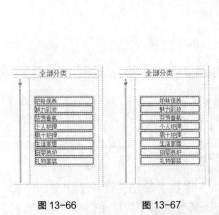

图 13-66　　　　　　图 13-67　　　　　　　　　　图 13-68

（8）将光标置入到第 6 行第 1 列单元格中，在"插入"面板"常用"选项卡中单击"表格"按钮，在弹出的"表格"对话框中进行设置，如图 13-69 所示，单击"确定"按钮，效果如图 13-70 所示。

图 13-69

图 13-70

（9）同时选中第 1 行第 1 列、第 2 行第 1 列和第 3 行第 1 列单元格，单击"属性"面板中的"合并所有单元格，使用跨度"按钮，将所选单元格合并，如图 13-71 所示。用相同的方法合并其他单元格，如图 13-72 所示。

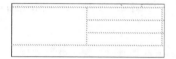

图 13-71

图 13-72

（10）将光标置入到第 1 列单元格中，在"属性"面板中将"宽"选项设为 230，如图 13-73 所示。用相同的方法分别设置第 2 列、第 3 列、第 4 列、第 5 列、第 6 列、第 7 列选项为 20、180、130、220、200、20，如图 13-74 所示。

图 13-73

图 13-74

（11）选中如图 13-75 所示的单元格，在"属性"面板中"水平"选项的下拉列表中选择"居中对齐"选项。将光标置入到第 1 行第 1 列单元格中，单击"插入"面板"常用"选项卡中的"图像"按钮，在弹出的"选择图像源文件"对话框中选择光盘目录下"Ch13 > 百货商城网 > images"文件夹中的"fx.jpg"文件，单击"确定"按钮，插入图像，效果如图 13-76 所示。

图 13-75

图 13-76

（12）用相同的方法在其他单元格中插入图像，如图 13-77 所示。将鼠标置入到如图 13-78

所示的单元格中，在"属性"面板中将"高"选项设为150，如图13-79所示。

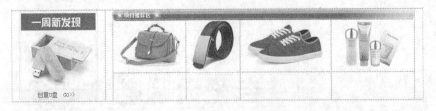

图 13-77

图 13-78

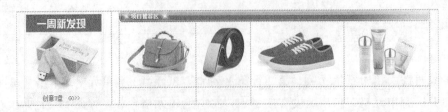

图 13-79

（13）将光标置入到如图13-80所示的单元格中，输入文字，如图13-81所示。用相同的方法在其他单元格中输入文字，如图13-82所示。

图 13-80

图 13-81

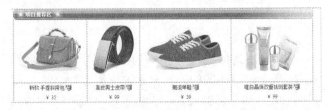

图 13-82

（14）将光标置入到第7行第1列单元格中，在"属性"面板中将"高"选项设为10，单击文档窗口左上方的"拆分"按钮 拆分，切换到拆分视图窗口中，选中该单元格的" "标签，如图13-83所示，按 Delete 键，删除该标签。使用相同的方法设置第9行、第11行，如图13-84所示。

```
<tr>
  <td height="10"> </td>
</tr>
<tr>
  <td> </td>
</tr>
```

图 13-83

图 13-84

（15）将光标置入到第7行的1列单元格中，在"插入"面板"常用"选项卡中单击"表格"按钮 ，在弹出的"表格"对话框中进行设置，如图13-85所示，单击"确定"按钮，保持表格的选取状态，在"属性"面板"对齐"选项的下拉列表中选择"居中对齐"选项，效果如图13-86所示。

图 13-85　　　　　　　　　　　　　　　　图 13-86

（16）新建 CSS 样式.bj，弹出 ".bj 的 CSS 规则定义" 对话框，在 "分类" 选项列表中选择 "背景" 选项，单击 "Background-images" 选项右侧的 "浏览" 按钮，在弹出的 "选择图像源文件" 对话框中选择光盘目录下 "Ch13 ＞ 百货商城网 ＞ images" 文件夹中的 "xp_bg.jpg" 文件，单击 "确定" 按钮，效果如图 13-87 所示，单击 "确定" 按钮，创建样式.bj。

（17）将光标置入到如图 13-88 所示的单元格中，在 "属性" 面板中将 "高" 选项设为 228，"类" 选型下拉列表中选择 "bj" 选项，如图 13-89 所示。

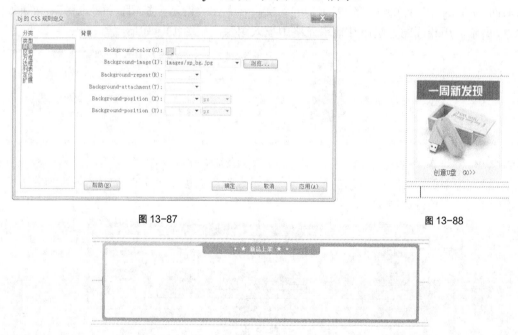

图 13-87　　　　　　　　　　　　　　　　图 13-88

图 13-89

（18）在 "插入" 面板 "常用" 选项卡中单击 "表格" 按钮，在弹出的 "表格" 对话框中进行设置，如图 13-90 所示，单击 "确定" 按钮，保持表格的选取状态，在 "属性" 面板 "对齐" 选项的下拉列表中选择 "居中对齐" 选项，效果如图 13-91 所示。

（19）选中如图 13-92 所示的单元格，单击 "属性" 面板中的 "合并所有单元格，使用跨度" 按钮，将所选单元格合并。用相同的方法合并其他单元格，如图 13-93 所示。

图 13-90   图 13-91

图 13-92   图 13-93

（20）将光标置入到如图 13-94 所示的单元格中，单击"插入"面板"常用"选项卡中的"图像"按钮 ![图标]，在弹出的"选择图像源文件"对话框中选择光盘目录下"Ch13 > 百货商城网 > images"文件夹中的"left1.jpg"文件，单击"确定"按钮，插入图像，效果如图 13-95 所示。用相同的方法在其他单元格中插入图像，如图 13-96 所示。

图 13-94   图 13-95   图 13-96

（21）选中如图 13-97 所示的单元格，在"属性"面板"水平"选项的下拉列表中选择"居中对齐"选项，如图 13-98 所示。

图 13-97

图 13-98

（22）将光标置入到如图 13-99 所示的单元格中，输入文字，如图 13-100 所示。选中文字"详情>>"在"属性"面板"类"选项的下拉列表中选择"text"选项，如图 13-101 所示。用相同的方法在其他单元格中输入文字，如图 13-102 所示。

图 13-99　　　　图 13-100　　　　图 13-101

图 13-102

（23）将光标置入到第 10 行第 1 列单元格中，在"属性"面板"水平"选项的下拉列表中选择"居中对齐"选项。单击"插入"面板"常用"选项卡中的"图像"按钮 ，在弹出的"选择图像源文件"对话框中选择光盘目录下"Ch13 > 百货商城网 > images"文件夹中的"guangbao01.jpg"文件，单击"确定"按钮，插入图像，效果如图 13-103 所示。用相同的方法在其他单元格中插入图像，如图 13-104 所示。

图 13-103　　　　　　　　　　　　　　图 13-104

4．创建表尾区域

（1）将光标置入到第 10 行第 1 列单元格中，在"插入"面板"常用"选项卡中单击"表格"按钮 ，在弹出的"表格"对话框中进行设置，如图 13-105 所示，单击"确定"按钮，保持表格的选取状态，在"属性"面板"对齐"选项的下拉列表中选择"居中对齐"选项，效果如图 13-106 所示。

图 13-105　　　　　　　　　　　　图 13-106

（2）选中如图 13-107 所示的单元格，在"属性"面板中将"背景颜色"选项设为灰色

（#F5F5F5），效果如图 13-108 所示。

图 13-107

图 13-108

（3）将光标置入到如图 13-109 所示的单元格中，在"属性"面板将"宽"选项设为 121，"高"选项设为 162。用相同的方法分别设置第 2 列、第 3 列、第 4 列、第 5 列、第 6 列、第 7 列、第 8 列单元格的宽为 125、124、106、108、150、100、105，如图 13-110 所示。

图 13-109　　　　　　　　　　　　　　　　图 13-110

（4）将光标置入到如图 13-111 所示的单元格中，单击"插入"面板"常用"选项卡中的"图像"按钮 🖼·，在弹出的"选择图像源文件"对话框中选择光盘目录下"Ch13 > 百货商城网 > images"文件夹中的"zheng.jpg"文件，单击"确定"按钮，插入图像，效果如图 13-112 所示。用相同的方法在其他单元格中插入图像，如图 13-113 所示。

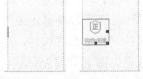

图 13-111　　图 13-112

（5）选中如图 13-114 所示的单元格，在"属性"面板中"水平"选项的下拉列表中选择"居中对齐"选项，如图 13-115 所示。

图 13-113 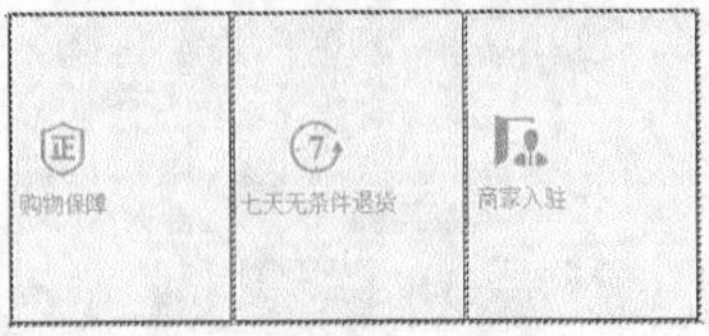　　　　　　　　　图 13-114 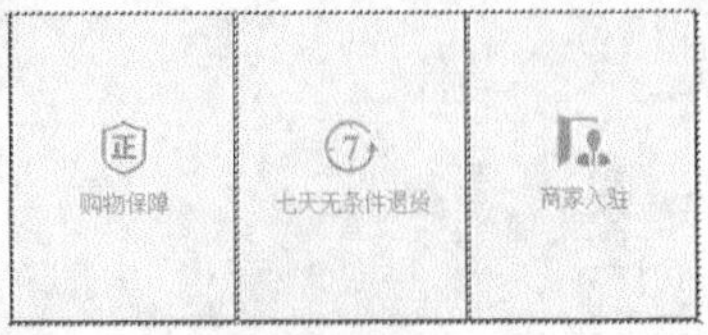　　　　　　　　　图 13-115

（6）将光标置入到如图 13-116 所示的单元格中，在"属性"面板"垂直"选项的下拉列表中选择"顶端"选项，输入文字，如图 13-117 所示。用相同的方法在其他单元格中输入文字，如图 13-118 所示。

图 13-116　　　　　　　　　图 13-117　　　　　　　　　　图 13-118

（7）新建 CSS 样式.text1，在弹出".text1 的 CSS 规则定义"对话框中进行设置，如图 13-119 所示。选中文字"关于我们"，在"属性"面板"类"选项的下拉列表中选择"text1"，如图 13-120 所示。用相同的方法制作出如图 13-121 所示的效果。

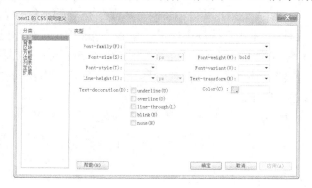

图 13-119　　　　　　　　　　　　　　　　　　图 13-120

图 13-121

（8）将光标置入到第 13 行第 1 列单元格中，在"插入"面板"常用"选项卡中单击"表格"按钮 ▦，在弹出的"表格"对话框中进行设置，如图 13-122 所示，单击"确定"按钮，保持表格的选取状态，在"属性"面板"对齐"选项的下拉列表中选择"居中对齐"选项，效果如图 13-123 所示。

图 13-122　　　　　　　　　　　　　　图 13-123

（9）将光标置入到第 1 列单元格中，在"属性"面板中将"宽"选项设为 220。用相同的方法分别设置第 2 列、第 3 列单元格的宽为 646、73，如图 13-124 所示。

图 13-124

（10）将光标置入到第 1 列单元格中，在"属性"面板"水平"选项的下拉列表中选择"居中对齐"选项，单击"插入"面板"常用"选项卡中的"图像"按钮 ，在弹出的"选择图像源文件"对话框中选择光盘目录下"Ch13 > 百货商城网 > images"文件夹中的"zheng.jpg"文件，单击"确定"按钮，插入图像，效果如图 13-125 所示。用相同的方法在其他单元格中插入图像，如图 13-126 所示。

图 13-125

图 13-126

（11）将光标置入到第 2 列单元格中，输入文字，如图 13-127 所示。百货商场网效果制作完成，保存文档，按 F12 键预览网页效果，如图 13-128 所示。

图 13-127

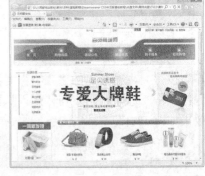

图 13-128

13.3 汽车网页

【案例学习目标】学习使用 CSS 样式制作汽车网页。

【案例知识要点】使用"表格"按钮插入表格；使用"图像"命令插入图像；使用"CSS 样式"命令改变超链接样式。汽车网页如图 13-129 所示。

【效果图所在位置】光盘/Ch13/效果/汽车网页.html

图 13-129

1．创建并设置页面属性

（1）选择"文件 > 新建"命令，新建空白文档。选择"文件 > 保存"命令，弹出"另存为"对话框。在"保存在"选项的下拉列表中选择当前站点目录保存路径，在"文件名"选项的文本框中输入"index"，单击"保存"按钮，返回网页编辑窗口。

（2）选择"窗口 > CSS 样式"面板，弹出"CSS 样式"面板，单击面板下方的"新建CSS 规则"按钮，在弹出的对话框中进行设置，如图 13-130 所示。单击"确定"按钮，弹出"将样式表文件另存为"对话框，在"保存在"选项的下拉列表中选择当前站点目录保存路径，在"文件名"选项的文本框中输入"style"，如图 13-131 所示。

图 13-130

图 13-131

（3）单击"保存"按钮，弹出"body 的 CSS 规则定义（在 style 中）"对话框，在左侧的"分类"选项列表中选择"背景"选项，将"Background-color"选项设为浅灰色（#f4f4f4），如图 13-132 所示。在左侧"分类"选项列表中选择"方框"选项，将"Margin"属性"Top"选项设为 0，如图 13-133 所示，单击"确定"按钮，修改 body 标签属性。

（4）在"插入"面板"常用"选项卡中单击"表格"按钮，在弹出的"表格"对话框中进行设置，如图 13-134 所示，单击"确定"按钮，保持表格的选取状态，在"属性"面板"对齐"选项的下拉列表中选择"居中对齐"选项，效果如图 13-135 所示。

图 13-132

图 13-133

图 13-134

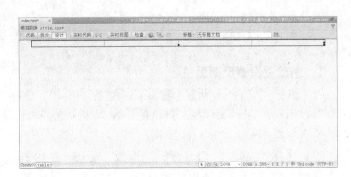

图 13-135

（5）新建 CSS 样式#top，弹出"#top 的 CSS 规则定义（在 style 中）"对话框，在"分类"选项列表中选择"背景"选项，单击"Background-images"选项右侧的"浏览"按钮，在弹出的"选择图像源文件"对话框中选择光盘目录下"Ch13 > 汽车网页 > images"文件夹中的"bg.jpg"文件，单击"确定"按钮，效果如图 13-136 所示，单击"确定"按钮，创建#top 样式。

（6）选中表格，在"属性"面板"表格名称"选项的下拉列表中选择"top"选项，如图 13-137 所示，应用样式。

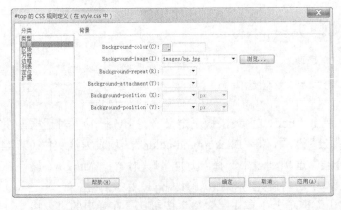

图 13-136

图 13-137

（7）将光标置入到第 1 行第 1 列单元格中，在"属性"面板中将"宽"选项设为 33，"高"选项设为 52，如图 13-138 所示。用相同的方法设置第 2 列的宽为 260，第 3 列的宽为 690，第 4 列的宽为 36，并设置第 4 列的"水平"选项为"右对齐"，效果如图 13-139 所示。

图 13-138　　　　　　　　　　　　　　　　图 13-139

（8）将光标置入到第 1 列单元格中，在"插入"面板"常用"选项卡中单击"图像"按钮，在弹出的"选择图像源文件"对话框中选择光盘"Ch13 > 素材 > 汽车网页 > images"文件夹中的"tl.jpg"，单击"确定"按钮完成图片的插入，效果如图 13-140 所示。用相同的方法制作出如图 13-141 所示的效果。

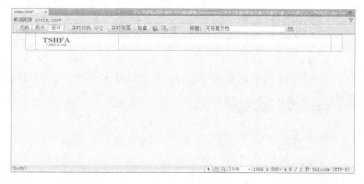

图 13-140　　　　　　　　　　　　　　　　图 13-141

2. 制作导航条效果

（1）将光标置入到第 3 列单元格中，输入文字，如图 13-142 所示。选中文字，在"属性"面板"链接"选项右侧的文本框中输入"#"，单击"项目列表"按钮，创建无序列表，如图 13-143 所示。

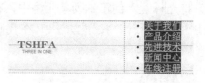

图 13-142　　　　　　　　　　　　　　　　图 13-143

（2）单击文档窗口左上方的"style.css"按钮，在"style.css"视图窗口中输入标签属性，如图 13-144 所示，"源代码"视图窗口中的效果如图 13-145 所示。

（3）在"style.css"视图窗口中输入标签属性，如图 13-146 所示，"源代码"视图窗口中的效果如图 13-147 所示。

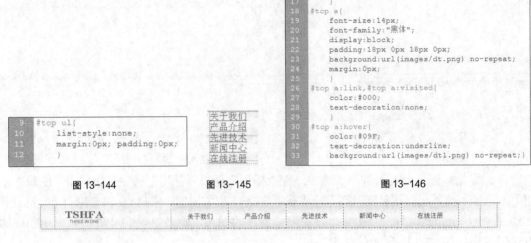

图 13-144   图 13-145   图 13-146

图 13-147

3. 制作内容区域

（1）在"插入"面板"常用"选项卡中单击"表格"按钮，在弹出的"表格"对话框中进行设置，如图 13-148 所示，单击"确定"按钮，保持表格的选取状态，在"属性"面板"对齐"选项的下拉列表中选择"居中对齐"选项，效果如图 13-149 所示。

图 13-148

图 13-149

（2）将光标置入到第 1 列单元格中，在"属性"面板中将"高"选项设为 8，单击文档窗口左上方的"拆分"按钮，在代码中删除该单元格中" "，效果如图 13-150 所示。

图 13-150

（3）将光标置入到第 2 行单元格中，在"插入"面板"常用"选项卡中单击"SWF"按钮，在弹出的"选择 SWF"对话框中选择光盘"Ch13 > 素材 > 汽车网页 > images"文件夹中的"dhd.swf"文件，如图 13-151 所示，单击"确定"按钮完成 Flash 影片的插入，效果如图 13-152 所示。

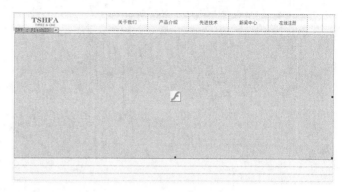

图 13-151　　　　　　　　　　　　　　　　　　　　图 13-152

（4）新建 CSS 样式.bg，弹出".bg 的 CSS 规则定义（在 style 中）"对话框，在"分类"选项列表中选择"背景"选项，单击"Background-images"选项右侧的"浏览"按钮，在弹出的"选择图像源文件"对话框中选择光盘目录下"Ch13 > 汽车网页 > images"文件夹中的"bg01.jpg"文件，单击"确定"按钮，效果如图 13-153 所示，单击"确定"按钮，创建.bg样式。

（5）将光标置入到第 3 行单元格中，在"属性"面板"类"选项的下拉列表中选择"bg"选项，将"高"选项设为 240，效果如图 13-154 所示。

图 13-153　　　　　　　　　　　　　　　　　　　图 13-154

（6）在"插入"面板"常用"选项卡中单击"表格"按钮 ，在弹出的"表格"对话框中进行设置，如图 13-155 所示，单击"确定"按钮，效果如图 13-156 所示。

（7）将光标置入到如图 13-157 所示的单元格中，在"属性"面板"垂直"选项的下拉列表中选择"顶端"选项，将"宽"选项设为 241，如图 13-158 所示。用相同的方法设置第 2 列单元格的宽为 20，第 4 列单元格的宽为 20，第 5 列单元格的宽为 200，效果如图 13-159 所示。

（8）将光标置入到如图 13-160 所示的单元格中，在"插入"面板"常用"选项卡中单击"图像"按钮 ，在弹出的"选择图像源文件"对话框中选择光盘"Ch13 > 素材 > 汽车网页

图 13-155

> images"文件夹中的"ltfe.jpg"，单击"确定"按钮完成图片的插入。用相同的方法制作出如图 13-161 所示的效果。

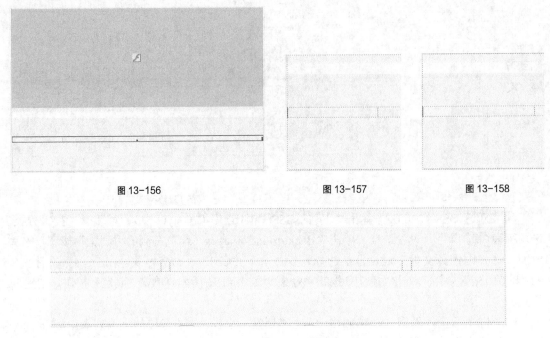

图 13-156   图 13-157   图 13-158

图 13-159

图 13-160   图 13-161

（9）将光标置入到第 3 列单元格中，在"插入"面板"常用"选项卡中单击"表格"按钮，在弹出的"表格"对话框中进行设置，如图 13-162 所示，单击"确定"按钮，保持表格的选取状态，在"属性"面板"对齐"选项的下拉列表中选择"居中对齐"选项，效果如图 13-163 所示。

（10）新建 CSS 样式.nrbg，弹出".nrbg 的 CSS 规则定义（在 style 中）"对话框，在"分类"选项列表中选择"背景"选项，单击"Background-images"选项右侧的"浏览"按钮，在弹出的"选择图像源文件"对话框中选择光盘目录下"Ch13 > 汽车网页 > images"文件夹中的"nbg.jpg"文件，单击"确定"按钮，效果如图 13-164 所示，单击"确定"按钮，创建.nrbg 样式。

图 13-162

（11）选中如图 13-165 所示的单元格，在"属性"面板"类"选项的下拉列表中选择"nrbg"选项，如图 13-166 所示。

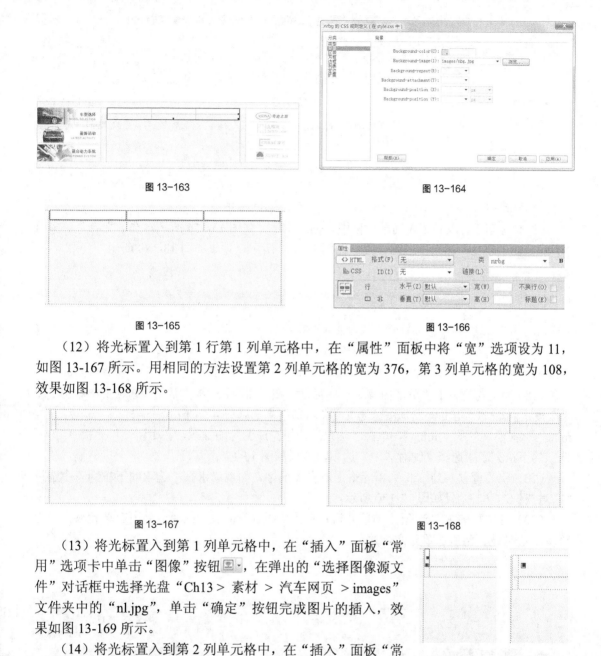

图 13-163

图 13-164

图 13-165

图 13-166

（12）将光标置入到第 1 行第 1 列单元格中，在"属性"面板中将"宽"选项设为 11，如图 13-167 所示。用相同的方法设置第 2 列单元格的宽为 376，第 3 列单元格的宽为 108，效果如图 13-168 所示。

图 13-167

图 13-168

（13）将光标置入到第 1 列单元格中，在"插入"面板"常用"选项卡中单击"图像"按钮，在弹出的"选择图像源文件"对话框中选择光盘"Ch13 > 素材 > 汽车网页 > images"文件夹中的"nl.jpg"，单击"确定"按钮完成图片的插入，效果如图 13-169 所示。

（14）将光标置入到第 2 列单元格中，在"插入"面板"常用"选项卡中单击"图像"按钮，在弹出的"选择图像源文件"对话框中选择光盘"Ch13 > 素材 > 汽车网页 > images"文件夹中的"nxm.jpg"，单击"确定"按钮完成图片的插入，在"属性"面板中将"水平边距"选项设为 5，"对齐"选项的下拉列表中选择"绝对居中"选项，效果如图 13-170 所示。输入文字，如图 13-171 所示。

图 13-169   图 13-170

（15）选中文字"新闻中心"，在"属性"面板中进行设置，如图 13-172 所示，效果如图 13-173 所示。

（16）选中英文"News"，在"属性"面板中进行设置，如图 13-174 所示，效果如图 13-175 所示。

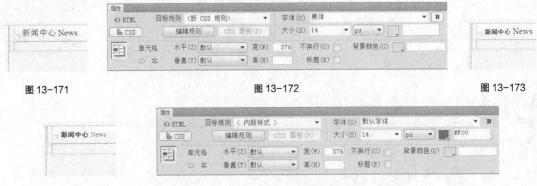

图 13-171   图 13-172   图 13-173

图 13-174   图 13-175

（17）将光标置入到第 3 列单元格中，输入文字，如图 13-176 所示。选中文字"更多内容>>"，在"属性"面板中进行设置，如图 13-177 所示，效果如图 13-178 所示。

图 13-176   图 13-177   图 13-178

（18）将光标置入到"更多内容>>"的后面，在"插入"面板"常用"选项卡中单击"图像"按钮，在弹出的"选择图像源文件"对话框中选择光盘"Ch13 > 素材 > 汽车网页 > images"文件夹中的"nr.jpg"，单击"确定"按钮完成图片的插入，在"属性"面板"对齐"选项的下拉列表中选择"绝对居中"选项，效果如图 13-179 所示。

（19）将光标置入到第 3 列单元格中，在"属性"面板"水平"选项的下拉列表中选择"右对齐"选项，效果如图 13-180 所示。

（20）选中如图 13-181 所示的单元格，单击"属性"面板中的"合并所有单元格，使用跨度"按钮，将所选单元格合并。

图 13-179   图 13-180   图 13-181

（21）将光标置入到如图 13-182 所示的单元格中，输入文字，效果如图 13-183 所示。选中文字，在"属性"面板"链接"选项右侧的文本框中输入"#"，单击"项目列表"按钮，创建无序列表，如图 13-184 所示。

（22）单击文档窗口左上方的"style.css"按钮，在"style.css"视图窗口中输入标签属性，如图 13-185 所示。选中如图 13-186 所示的单元格，在"属性"面板"ID"选项的下拉列表中选择"neir"选项，效果如图 13-187 所示。

图 13-182　　　　　　　图 13-183　　　　　　　图 13-184

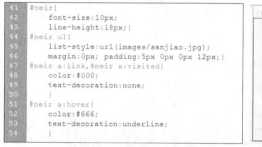

图 13-185　　　　　　　图 13-186　　　　　　　图 13-187

（23）将光标置入到如图 13-188 所示的单元格中，在"属性"面板"水平"选项的下拉列表中选择"右对齐"选项。输入文字，效果如图 13-189 所示。

（24）新建 CSS 样式.text，在弹出的".text 的 CSS 规则定义（在 style 中）"对话框中进行设置，如图 13-190 所示。

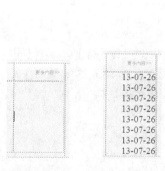

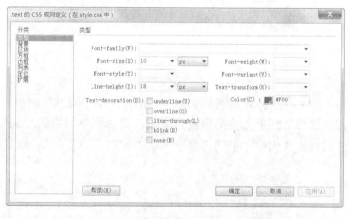

图 13-188　　　图 13-189　　　　　　　　图 13-190

（25）选中如图 13-191 所示的文字，在"属性"面板"类"选项的下拉列表中选择"text"选项，效果如图 13-192 所示。

图 13-191　　　　　　　　　　　　　　图 13-192

4. 制作底部效果

（1）将光标置入到如图 13-193 所示的单元格中，在"插入"面板"常用"选项卡中单击"表格"按钮圈，在弹出的"表格"对话框中进行设置，如图 13-194 所示，单击"确定"按钮，效果如图 13-195 所示。

图 13-193　　　　　　　　　　　　　　图 13-194

图 13-195

（2）将光标置入到第 2 列单元格中，在"属性"面板将"宽"选项设为 10%。用相同的方法将第 2 列单元格的宽设为 75%，第 3 列单元格的宽为 14%，第 4 列单元格的宽为 1%，并设置第 4 列单元格的"水平"选项设为"右对齐"，效果如图 13-196 所示。

图 13-196

（3）将光标置入到第 1 列单元格中，在"插入"面板"常用"选项卡中单击"图像"按钮 ，在弹出的"选择图像源文件"对话框中选择光盘"Ch13 > 素材 > 汽车网页 > images"文件夹中的"btl.jpg"，单击"确定"按钮完成图片的插入，效果如图 13-197 所示。用相同的方法在其他单元格中插入图片，效果如图 13-198 所示。

图 13-197　　　　　　　　　　　　　　　　　　　图 13-198

（4）将光标置入到第 2 列单元格中，输入文字，效果如图 13-199 所示。选中文字"官方微博"，在"属性"面板"链接"选项右侧的文本框中输入"#"，添加空链接，效果如图 13-200 所示。用相同的方法为其他文字添加空链接，效果如图 13-201 所示。

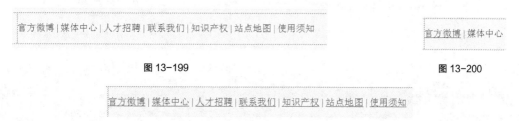

图 13-199　　　　　　　　　　　　　　　　　　图 13-200

图 13-201

（5）单击文档窗口左上方的"style.css"按钮，在"style.css"视图窗口中输入标签属性，如图 13-202 所示。选中如图 13-203 所示的表格，在"属性"面板"表格名称"选项的下拉列表中选择"bottom"选项，如图 13-204 所示，效果如图 13-205 所示。

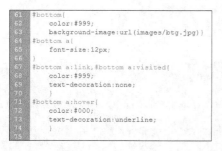

图 13-202　　　　　　　　　　　　　　　　　图 13-203

图 13-204　　　　　　　　　　　　　　　　图 13-205

（6）将光标置入到第 5 行单元格中，在"属性"面板"水平"选项的下拉列表中选择"居中对齐"选项，将"高"选项设为 100。输入文字，效果如图 13-206 所示。

图 13-206

（7）新建 CSS 样式.text1，在弹出".text1 的 CSS 规则定义（在 style 中）"对话框中进行设置，如图 13-207 所示，单击"确定"按钮，创建.text1 样式。选中文字，在"属性"面板"类"选项的下拉列表中选择"text1"选项，效果如图 13-208 所示。

图 13-207

图 13-208

（8）保存文档，按 F12 键，预览网页效果，如图 13-209 所示。

图 13-209

5. 制作子页面

（1）选择"文件 > 打开"命令，在弹出的对话框中选择"Ch13 > 素材 > 汽车网页 > yonghu.html"文件，单击"打开"按钮，效果如图 13-210 所示。将光标置入到如图 13-211 所示的单元格中。

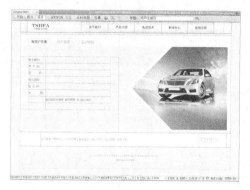

图 13-210

图 13-211

（2）在"插入"面板"表单"选项卡中单击"文本字段"按钮🖵，在单元格中插入文本字段，选中文本字段，在"属性"面板中将"字符宽度"选项设为 25，效果如图 13-212 所示。用相同的方法在其他单元格中插入文本字段，设置适当的字符宽度，效果如图 13-213 所示。

图 13-212

图 13-213

（3）将光标置入到如图 13-214 所示的单元格中，在"插入"面板"表单"选项卡中单击"单选按钮"按钮◉，插入一个单选按钮，效果如图 13-215 所示，在"属性"面板中选择"已勾选"单选项，效果如图 13-216 所示。

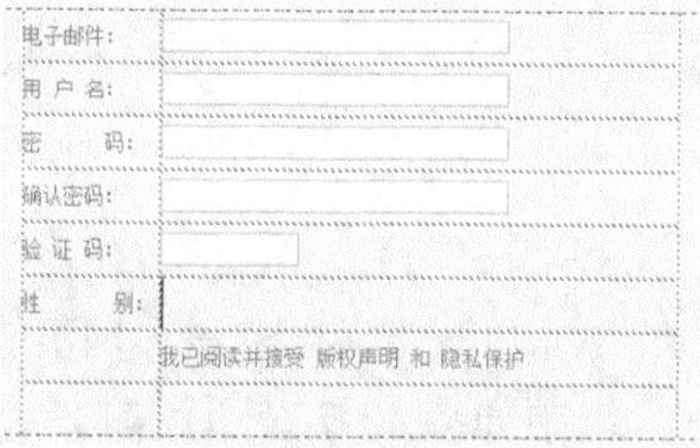

图 13-214

图 13-215

图 13-216

（4）将光标置入到单选按钮的后面，输入文字"男"，如图 13-217 所示。选中单选按钮，按 Ctrl+C 快捷键，复制按钮。将光标置入到文字"男"的后面，按 Ctrl+V 快捷键，粘贴复制的按钮。选中刚粘贴的按钮，在"属性"面板中选择"未勾选"单选项，将光标置入到粘贴单选按钮的后面，输入文字"女"，效果如图 13-218 所示。

（5）将光标置入到如图 13-219 所示的位置，在"插入"面板"表单"选项卡中单击"复选框"按钮☑，插入一个复选框，效果如图 13-220 所示，在"属性"面板中选择"已勾选"单选项，效果如图 13-221 所示。

图 13-217

图 13-218

图 13-219

（6）将光标置入到如图 13-222 所示的单元格中，在"插入"面板"表单"选项卡中单击"按钮"按钮□，插入一个按钮，效果如图 13-223 所示。在"属性"面板"值"选项文本框中输入"注册"，按钮效果如图 13-224 所示。

图 13-220

图 13-221

图 13-222

（7）保存文档，按 F12 键，预览网页效果，如图 13-225 所示。

图 13-223

图 13-224

图 13-225

6. 创建超链接

（1）选择"文件 > 打开"命令，在弹出的对话框中选择"Ch13 > 素材 > 汽车网页 > index.html"文件，单击"打开"按钮，效果如图 13-226 所示。选中如图 13-227 所示的文字。

图 13-226

图 13-227

　　（2）在"属性"面板中单击"链接"选
项右侧的"浏览文件"按钮，弹出"选择文
件"对话框，在光盘"Ch13 > 素材 > 汽车
网页"文件夹中选择"yonghu.html"文件，
单击"确定"按钮，如图 13-228 所示。

图 13-228

　　（3）保存文档，按 F12 键预览网页效果，如图 13-229 所示。单击"用户注册"，在窗口
中弹出用户注册页面，如图 13-230 所示。

图 13-229

图 13-230